ぼくが
百姓になった理由《わけ》

山村でめざす自給知足

ひぐらし農園主宰
浅見彰宏

有機農業選書 3
コモンズ

はじめに

いま、世間は田舎暮らしと新規就農のブームのようです。テレビや雑誌には田舎暮らしや新たに農業を始めた人たちを紹介する記事があふれ、地方の自治体は、地域活性化のチャンスとばかりに盛んにさまざまな情報を発信し、受け入れ体制の充実をアピールしています。

思えば、私が農業での自立をめざして会津に移り住んだ一九九〇年代なかばに、このような時代が来るとは夢にも思いませんでした。期待はしていましたが、これだけの盛り上がりになるとは、まったく思っていませんでした。

かく言う私も、喜多方《きたかた》市(福島県)から「定住コンシェルジュ」なる役目を二〇〇八年からおおせつかり、東京で行われる田舎暮らしや新規就農を促進するイベントに参加するなど、このブームに少なからずかかわっています。そこで感じるのは、この雰囲気は過去に経験した、どこか懐かしい香りがするということです。

私が大学を卒業したころ、つまりバブル経済絶頂期の就職活動は、まさにこのような雰囲気でした。何としてでも新人を獲得したい企業、錯綜する情報、選択肢の豊富な学生。これはそのまま、いまの田舎暮らしブームの状況に置き換えられます。つまりIターン者・Uターン者を受け入れたい地方、氾濫する情報、そして選択肢が豊富な都市住民。

私が田舎暮らしと有機農業をめざしたころは、本人が望まなくても一歩一歩さまざまなハードルを越えていかなければなりませんでした。その過程で、自らが求める新天地でのライフスタイルが、漠然としたイメージ・憧れから、具体的・現実的なものへと形づくられていった気がします。しかし、いまの田舎暮らしや新規就農の希望者は、すでに先方が用意してくれた数多くの、ただし真実はいろいろな思惑にマスキングされている理想郷を、まるで家電広告の仕様書の隅々を調べるごとく、見比べて選択しているのではないでしょうか。

自治体や地元住民が思い描く移住者への期待感も、また想像以上です。地域コミュニティや地場産業の活性化、耕作放棄地の減少、コミュニティビジネス起業の期待など、数限りありません。その結果、いざ田舎に住み始めて直面する現実とのギャップにとまどう人も多いでしょう。私がバブル期に、就職直後の現実と対峙した時のように。

もちろん、田舎暮らしにはたくさんの可能性があります。日本社会は今後、高齢化・少子化の一途をたどることは間違いありません。いま地方が直面しているコミュニティの弱体化はいずれ都市部にも波及し(すでに都心の団地などでは起こっていますが)、日本全体の問題として考えていかなければならないものです。地方は一〇年ほど時代を先取りして、多くの問題に直面しています。

一方で、大半の地方は小さなコミュニティです。一人ひとりの影響力は大きく、個人が活躍する場は無限にあります。さまざまな課題に直面するでしょうが、それらを自分が活躍する場やきっかけと捉え、地元の人たちと一緒に奮闘する覚悟ができれば、そして移住した地域の特徴やよさを多面的な角度で見つめられる心と目があれば、これほど楽しい世界はありません。

そして、農業がとても魅力的な仕事であることを多くの人に知ってほしいと思います。農業は、技術や販売だけでなく、地域との関係、自然環境、天候などさまざまな要素が複雑に絡み合い、頭と体をフルに使う仕事です。一日たりとも退屈な日はありません。

能力や努力、あるいは天候によって得られる結果も大きく違ってきますが、それだけにやりがいがあります。自然が相手ゆえに、都会にいるときのような妙なストレスもたまりません。さらに、小さなコミュニティですから、その成果が自分だけでなく、地域全体に波及する可能性もあります。つまり、地域の活力や新たな文化、景観の形成につながる場合もあるわけです。かつては農家の子弟しか味わえなかったこうした醍醐味を体験できるなんて、素敵だと思いませんか。

私が会津に来てまだ一六年ではありますが、そこでの経験を紹介し、新たな生き方の参考にしてもらえればと思い、筆をとりました。決して成功例ではなく、あくまでも途上の報告として参考にしていただけると幸いです。

二〇一二年九月

浅見　彰宏

第1章　ひぐらし農園の日々

うれしい秋の収穫。長女の乃絵《のえ》

私が住む喜多方市山都《やまと》町早稲谷《わせだに》地区は、会津盆地からならどこからでも望むことのできる霊山・飯豊《いいで》連峰の麓にあります。標高七〇〇m前後の山々に囲まれた村は、農村というよりも山村といったほうがふさわしいでしょう。田畑は少なく、ほとんどが杉や広葉樹の山林で、冬は一mを大きく超える積雪に見舞われます。喜多方市の中心地からは約二〇㎞です。

そんな不便なところに、一九九六年に千葉県から移住して一六年。まったく縁のない地に単身で始まった田舎暮らしは、いつしか家族が増え、農を生業としながら、冬は造り酒屋で働いています。金銭的には決して余裕のある生活ではありませんが、豊かな自然、美しい水、美味しい食べ物、楽しい仲間たちに囲まれた日々は、最近では都会の人から憧れのまなざしで見られるようです。まずは、そんな暮らしの一端をご紹介しましょう。

1 感動の春

農作業の準備

農業のスタートは、春の兆しを実感できるようになる三月上旬です。豪雪地帯ゆえに、冬には土を見ることができません。だからこそ、雪国で迎える春は、感動の連続です。深い雪に閉ざされ、太陽も青空もそして新鮮な緑の野菜も恋しいままに、ひたすら耐え忍ぶこと四カ月。

ようやく雪解けを迎え、地面の一部が顔をのぞかせるのは、毎年、彼岸過ぎです。まだ雪が残っているところでも、雪はぐっと締まり、午前中ならばカンジキを履かなくても歩けるようになります。会津では、これをカタ雪と呼んでいます。このころは、まさに山菜天国です。フキノトウはもちろん、アサツキやカンゾウなど雪解けと同時に顔を出す山菜は、新鮮な青ものに飢える私には格好の獲物。一刻も早く味わいたいという欲求が、まだ雪が残る農道や畑をウロウロとさせ、日当たりのよい土の出た場所を探させます。

見つけた山菜たちは、さっそく食卓へ。とくにアサツキの香りは、私にとって春の到来を告げる象徴で、酒の肴にも最高です。

しかし、こんな至福の時間は、ほんの一時。農作業のできる季節が限られている雪国では、雪解けと同時に始めなければならない仕事がたくさんあります。加えて、雪解け前から手をつけておかなければならない仕事も、少なくありません。

夏の短い会津で、トマトやナスなどの夏野菜を長期間収穫しようとすれば、雪の残る三月初めには育苗を始める必要があります。さらに、稲作に向けて種籾の塩水選から温湯消毒(一四ページ参照)、育苗用培土作り。まだまだ雪の降るなか、作業小屋やビニールハウスで粛々と進めなければなりません。ときには、山菜採りに興じていた時間を悔やむほどです。

それでも、日に日に増えていく春の彩りが次々と目に飛び込んできて、久しぶりの農作業の疲れを取り除いてくれます。なかでも、何といっても圧巻なのは新緑です。新緑に輝く里山は、緑というよりも乳白色のようで、近づくと見慣れない木々の小さな花も咲いています。一方、目を遠くに向ければ、標高二〇〇〇mを超える飯豊連峰の春の訪れはまだまだ先のようで、白く輝いています。そのコントラストがなんとも美しいのです。

鶏と野菜の苗の世話

ひぐらし農園の朝は鶏の世話から始まります。約一五〇羽と決して多くはありませんが、毎日数十個採れる卵は白身のはりがよく、黄身が大きく盛り上がり、濃くて美味しいと評判です。自宅から五〇〇mほど離れたところに鶏舎(鶏小屋)はあります(第4章4参照)。本当はもっと近くにあるとよいけれど、狭い山間部ですし、自宅の敷地もそう広くありません。仕方なく、いまの場所に自分で建てました。

ただし、離れていると心配なことがあります。それは獣の侵入です。夜中にもしイタチやキツネが侵入していたら……。熊が襲いに来たら……。実際、毎年三月末になると、決まってイタチが小屋に入って鶏を襲っていきます。ひどいときは、一晩で一〇羽を超える被害にあったほどです。小屋の周囲には、獣の侵入を防ぐために、壁の代わりに金網を張り巡らせてあります。ところが、イタチはほんの小さな隙間から侵入するため、その場所の特定が容易ではありません。毎朝、鶏小屋をのぞくまでは不安です。何事もない朝なら、鶏たちは金網越しに首を長くしてエサの到着を待ち構えていて、その姿を見るとホッとします。

鶏小屋から戻ると、野菜の苗の世話です。三月初旬に播いたキャベツやブロッコリー、レタス、ネギ、中旬に播いたトマト、ナス、ピーマン。四月に入ればキュウリやズッキーニ、インゲン、トウモロコシなども加わります。ひぐらし農園は無農薬栽培です。病気の蔓延を防ぐために、一つの畑でいろんな種類の野菜を育てています。春夏野菜だけで約三〇。これらの苗が、冬の間もビニールを張りっ放しだった家の前の小さな育苗ハウスにギッシリ置かれています。

寒さに弱い夏野菜は、遅霜の心配がある五月中旬まで、夜間はビニールで二重に被覆しなければなりません。日が昇って日差しが強くなると、内側のビニールをはがしてあげます。太陽の顔の出し具合を見ながらの温度調整は、けっこう手間がかかる作業です。とくに、日中に長時間家を空ける用事があるときは、頭を悩ませます。たとえ朝曇っていて気温が上がらなくても、日中に天候が回復すれば、直ちに被覆をはがさなければなりません。そのままにすると、温度が上がりすぎて苗が焼けてしまうこともあるからです。

農家である以上、天候を気にする日から解放されることはありません。それでも五月中旬、夏野菜の定植が始まると、もっとも気を遣う育苗作業からは徐々に解放され、肩の荷がほんの少し下ります。

小さな棚田の稲作準備

野菜の苗作りとほぼ同時進行で行うのが稲作の準備です。ひぐらし農園では約一・五haの田んぼを耕作しています。北海道を除く日本の農家の平均耕作面積は一・六五haだそうですから、平均的な大きさに近いといえるでしょう。ただし、田んぼの枚数となると大規模農家並みです。半端な数ではありません。

田んぼは、四方を畔《あぜ》で囲まれた一つの区画を一枚と数えます。仮に一〇〇m×一五〇mの長方形の田んぼがあれば一・五haは一枚ですむわけですが、これほど広い田んぼは日本にめったにありません。会津の平坦部で、一枚の田んぼを大きくして用排水施設を整備する基盤整備事業が終わっていれば、平均で三〇a(一〇〇m×三〇m)。一・五haなら五枚です。

ところが、耕地が少なく、小さな棚田が広がる早稲谷で一・五haとなると、枚数は実に四四枚にものぼります。耕耘機が入るのさえ困難な、一a(正方形なら一〇m×一〇m)にも満たないものから、大きくても一〇a程度。しかも、整った長方形なんてことは一切ありません。

そんな小さな棚田に苗を植えるためには、雪が残る三月末には準備を始めなければなりません。種籾を塩水に沈めて中身の充実した種子を選別する塩水選や、種籾の表皮についた病原菌を死滅させるために六〇℃のお湯に一〇分浸ける温湯消毒などを行います。温湯消毒は、我が家くらいの規模の場合は自宅の風呂での作業です。

消毒が終われば直ちに水で冷やし、家の前にある雪解け水が流れ込む防火水槽に浸け、四月下旬の種播きまで置いておきます。この間、積算温度(種籾を水に浸けている間の一日平均水温の合計値)を知るために、防火水槽の水温を毎日測らなければなりません。当初は一℃しかないのが、雪が田畑から完全に消える四月末には一〇℃まで上昇。山から流れ出る沢水も、一気に春を迎えます。

重労働にも楽しみがある

雪解けが進み、ようやく田畑に近づけるようになると、農作業は急増していきます。まずは、田んぼの状態の確認です。大量の雪解け水を含んで柔らかくなった棚田では、高低差のある畔が地すべりのように崩落しているときがあります。また、水が田んぼに流れ込んでいれば、いつまで経っても田んぼが乾かず、肥料散布や耕起などの機械作業に支障をきたします。そうならないためにも、いち早く状況を確かめ、農作業のスケジュールの予定を組むのです。

同時に、排水をよくするために側溝をきれいに浚《さら》っていかなければなりません。湿った田んぼ(温田)が多いので、田んぼの周囲に掘ってある小さな側溝が、一年経つと土砂に埋まってしまいます。それをスコップやジョレン(鍬に似た形で、手前に土を引き寄せながら、すくったり集めたりする農具)を使って丁寧に掘り上げていくのです。これが春先一番の重労働。冬でもスコップは使いますが、何しろ雪は泥よりもはるかに軽いのですから。

掘り上げた泥の中には、たくさんの水生生物やドジョウがいて、子どもたちと一緒にそれらを獲りながらの作業が、重労働の辛さを忘れさせてくれます。まわりに咲き乱れるのは、福寿草やショウジョウバカマ、アズマイチゲ、キクザキイチゲなど。緑が少ない殺風景な早春の野に、彩りが加わります。

畑に土が顔を出すようになれば、冬を雪の下で無事乗り越えた野菜たちも動き出します。小松菜、茎立菜、結球せずにそのままにしていた白菜……。多くは雪に押しつぶされながらも、淡い緑色の芯だけを残しているのです。久々の太陽の光を浴びると、まるで手を伸ばすように芯はぐんぐん伸び、早々につぼみをつけて、食卓をにぎわせてくれます。雪の下に置いた人参も掘り出します。畑のまわりには自生の三つ葉、コゴミ、オカワサビ。もう少し経てば、フキやワラビ、山椒の出番です。

農作業は、肥料散布とトラクターによる耕起。肥料は、鶏糞や冬の間に作っておいた、米糠を中心としたぼかし肥です。なかでも、鶏糞はひぐらし農園の主力肥料。春には鶏舎の床はきれいに入れ替わり、真新しい籾殻を敷きます。

本格的な農作業の開始

五月に入ると田んぼに水が張られ、村中のトラクターが一斉に田んぼへ。水を入れて田んぼをならす代かきを終え、田植えを待つ田んぼは、風のないときは鏡の面のようで、新緑の野山を映します。もっとも、一見穏やかに見えるこの美しい風景の背後には、さまざまなドラマがあります。とくに、雪が少なかったり、代かきのころに好天が続くと、代かきに必要な水が不足する年があるからです。

しかし、そんなことをよそに、四月下旬に種を播いた稲の苗は順調に大きくなっていきますから、田植えを延期するわけにはいきません。また、兼業農家が多いので、大きな機械を使う代かきや田植えは、会社が休みの日に一気に行わなければなりません。限られた時間のなかで必要な水を確保するのは案外大変で、同じ水路を使っている人とひそかな水の取り合いになることもあります。

たとえば、ムラの人が朝の出勤前に自分の田んぼへ水を導くために半開きに開けておいたゲート(と言っても、小さな板切れの場合が多いのですが)が、帰宅後に行ってみるとピタリと誰かに閉められているなんてことも、少なくありません。上流で誰かが水のほとんどを自分の田んぼに引いたために、少しも溜まっていなかったということもあります。狭いムラですから誰がやったか予想はだいたいつくのですが、だからといって真剣に犯人捜しは行いません。それならば、誰も近づかない日没直後に開けておけばよいのです。私の場合も、兼業農家の代かきや田植えのピークになりそうな週末を避けて水を入れるようにしてきました。

ひぐらし農園では、田植え前後が一年でもっとも忙しい時期です。田植えは周辺の農家と比べて一〇日ほど遅い六月上旬。その前に当然、代かきです。遅霜の心配がなくなった畑では、急ピッチでナスやトマト、キュウリなどの定植を進めます。さらに、自家製の味噌や納豆に使う大豆の播種時期でもあり、梅雨入りが近いから天気の心配もしなければなりません。天候と田んぼへの水の入り具合、稲の苗の育ち具合を見ながら、作業日程を調整していきます。

ところが、こういう時に限って、いざ代かきをしようとしたらトラクターの調子が悪い、田植えをしようとすると田植機の調子が悪い、なんてトラブルが重なったりします。そうなれば、せっかくの段取りも今後の予定も、すべて仕切り直し。稲刈りのころに次ぐ、もっともストレスのたまる時期でもあるのです。しかし、だからといって焦りは禁物。機械を使った作業は危険を伴います。ケガをした知り合いもたくさんいるし、なかには命を落とされた方もいます。日程に多少の支障をきたしても、安全第一を心がけることが大切なのだと、焦る心に自ら言い聞かせるのです。

2 忙しい夏

気になる天候

夏でもっとも気がかりなのは、梅雨明け前後の天候です。七月末に梅雨が明け、真夏の太陽が八月前半にかけてしっかり大地を照らしてくれるか否かで、その年の作物たちの育ち具合が変わります。とりわけ稲作への影響は大きく、万一梅雨明け宣言が見送られるほどの冷夏に襲われれば、収穫量は一割ほど減ることもあるのです。

もうひとつ心配なのが豪雨の襲来。梅雨末期によくある集中豪雨が、年々激しくなっています。一九九八年八月一二日の豪雨は地元のお年寄りさえ記憶にないというほどで、あちこちで山の一部が崩落しました。山都町の中心部へつながる川沿いの幹線道路が完全に不通になり、数カ月間も遠回りの峠越えを余儀なくされました。

小さな崩落でも、復旧には大変な労力がかかります。共同で使われている農道や水路が崩落すれば、復旧のための共同作業を行わなければなりません（通常の共同作業は総人足、臨時の共同作業は不時《ふじ》人足と呼ばれます）。自分の農作業はおろか、休日さえも返上です。

日本海側気候に属する会津は、北国という印象とは裏腹に夏はかなり暑いところです。ひどい冷害が起きたという話は、ほとんど聞きません。タイ米が緊急輸入された一九九三年の大冷害でさえ、大きな影響はありませんでした。真夏には最高気温が三五℃を越える日も多く、農家は昼休みに入ると、日が傾くまで外には出ません。私も草だらけになってしまった田畑にかなりの後ろめたさを感じながらも、昼食後はマッタリ過ごすことが多くなります。

とはいえ、都会の蒸し暑さと違って木陰は涼しいし、夜になれば冷え込みますから、熱帯夜はまずありません。この寒暖差が美味しい野菜や米を生みだします。そして、会津の夏は長くありません。お盆を過ぎると、途端に秋の気配が色濃く感じられます。

楽になった田んぼの草取り

田植えが終わると、ほっとした空気に包まれ、早苗振《さなぶ》りといわれるお祝いをします。何しろ稲作では、「苗七分作」と言われるほど、田植えまでの作業を大切にしているのですから。

「浅見君、さつき(田植えのこと)終わったんか? オラんところはとっくに早苗振りやったぞ!」

しかし、ひぐらし農園ではそんな空気をよそに、直ちに田んぼの除草作業に入ります。すべて有機栽培ですから、除草剤は一切使いません。田んぼの場合、雑草をいかに抑えるかが収穫量を左右します。最近は、チェーン除草という新しい方法が現れました。長さ三〇㎝程度のチェーンをすだれ状に何十本も並べた自作の除草器を、田植え後二日後くらいに引っ張って、田んぼの中を歩き回ります。代かきをしてから時間が経っていないトロトロで軟らかい田んぼの表面をチェーンがまんべんなくなでることで、芽を出し始めたばかりのコナギやオモダカなどの水生雑草を浮かせるのです。

田んぼの抑草対策には、田植え直後からの素早い対処がもっとも重視されています。ところが、ひぐらし農園では田んぼが四四枚にも分かれているため、普通の農家のように、まとめて代かきして、田植えして、草取りする(慣行農法なら除草剤を撒く)わけにはいきません。午前中に田植えし、午後に二日後に田植え予定の田んぼを代かきし、その後で二日前に植えた田んぼでチェーン除草するという、変則的な作業日程となるのです。それでも、以前に比べればずっと上手く草を抑えられるようになりました。

チェーン除草は、それまでの主力だったコロバシあるいは田車《たぐるま》と呼ばれる昔ながらの手押し除草器と比べれば、格段に楽です。コロバシだと、どんなに頑張っても一日二〇aが限度ですし、苗のまわりの草が取れません。そこで、朝から晩までひたすら這いつくばっての手取り除草を六月と七月に、ほかの作業を放ったらかして行っていました。一方、チェーン除草なら一時間もあれば一〇aを終えられます。

収穫から配達まで

夏の一日は野菜の収穫から始まります。夜明けとともに目を覚まし、明るくなれば早々に家を出て畑へ。最盛期は種類が格段に増え、容易に終わりません。

とくに、一番多く栽培している山都町在来種の庄右衛門インゲンは、採るだけで数時間を要することがあります。毎日採っても、翌日にはまたどっさり採れる。ずっと上を向きながらの作業に、ときには嫌気がさしますが、同時にこの恵みに幸せを感じます。あの小さな一粒の種から、これだけの野菜を分けてもらえるのです。その生命力の強さと、けなげともいえるほどの実の成り具合に、自然と感謝の気持ちが湧いてきます。

収穫を終え、家に戻って朝食をすますと、直ちに収穫した野菜を分けて、出荷の準備です。ひぐらし農園では農協へは出荷せず、個人消費者、直売所、あるいは有機農産物が中心の流通組織への出荷が中心になります。個人消費者へ届けるのは野菜ボックス、つまり旬の採れたて野菜を詰め合わせたセット野菜です。その日に採れた一〇種類程度の野菜や卵を小分けにして、一軒ごとに箱へ入れていきます。出荷件数が多い日は、午後は連れ合いが配達、私が農作業という分担。週末には近隣の仲間たちとつくった直売所に出荷し、自ら店頭に立ちます。こちらは一袋ごとに小分けして、メッセージを添えたシールを張っていきます。

農協への出荷と比べれば時間と手間はかかりますが、食べる人へ直接届けることで、信頼が生まれ、安心して食べてもらえるのです。有機農業にとって、こうした消費者とつながる行動が一番大切だと考えています。この作業は秋野菜が収穫できる一一月ごろまで続き、我が家の食卓が多くの野菜たちで一番にぎわうのもこの時期です。

楽しみも試練も与える豊かな自然

ムシムシとする七月初旬の夜には、家の前でホタルが楽しめます。梅雨時で雨雲が広がり、星空や月が見える夜は少ないうえに、民家や街灯、車の交通もほとんどありません。懐中電灯を消せば、まさに真っ暗闇です。川のせせらぎを聞きながら、ゆっくりと舞う無数のホタルを子どもたちと一緒に追いかけます。ただし、この時期は一年でもっとも夜が短く、ホタルに出会えるのは八時過ぎです。翌朝は四時前に東の空が白みだし、仕事を始めなければなりません。

夏の子どもたちの最大の楽しみは、何と言っても川遊びです。家のすぐ下を流れる早稲谷川は飯豊山が源流。ブナ林から流れてくる清流で、かなりの水量があります。しかも、川沿いには約五〇戸の早稲谷集落しかありません。生活排水さえほとんど流れ込まない美しい水は、川遊びには最高です。ときにはイワナやヤマメにも出会えます。

一方で自然が豊かすぎるために、虫の多さも相当です。なかでも、梅雨明け後に大量に発生するメジロという小型のアブは集団で人間にまとわりつき、容赦なくかみつきます。そして、この自然の豊かさは稲にとっても試練で、カメムシの被害に遭いやすいのです。メジロもカメムシも清流に多いと言われています。豊かな自然とはこういうものだと受け入れるしかありません。

3　短い秋

秋と言えば熊

夏の暑さから一転、お盆を過ぎると日が短くなります。天気はころころと変わり、晴天は続きません。日中の残暑はまだ厳しく、夏の疲労感が残るなか、うっかり昼休みを長く取りすぎると、あっという間に日没になってしまいます。夕暮れが近づくと涼しくなりますが、季節の移り変わりのスピードに体や仕事のリズムがついていきません。

残暑のなかで着々と進めなければならないのが、秋野菜と越冬野菜の種播きです。早稲谷では、白菜はお盆前、大根は八月二五日ごろ。まだ虫の活動も旺盛で、農薬を使わずに育てるのには、とても気を遣います。とくに、白菜はひぐらし農園にとって鬼門で、うまく採れない年も少なくありません。苗の定植時はコオロギの活動時期と重なり、定植直後の苗が一晩で食べ尽くされることがあるほどです。そこでリスク分散を兼ねて、点在する畑に播くだけでなく、播く時期も少しずつずらします。

大根の種を播くころになれば、そのほかの葉物野菜も播き時です。ほうれん草、小松菜、チンゲン菜、小かぶ、山東菜、水菜、春菊……。ついつい、いろんな種を買い込んで、播いてしまいます。こうして畑の彩りも徐々に秋へと移っていくのです。

このころ気がかりなのが鶏小屋。四年連続で熊に襲われたことがあるからです。以前は熊はめったに出なかったので、獣の侵入を防ぐための金網はイタチやキツネを想定していました。熊の力をもってすれば、金網を引きはがすのは容易でしょう。初めて被害に遭ったときは、あまりに激しく小屋が破壊され、鶏への被害も大きく、何が起きたか直ちにわかりませんでした。

強大な破壊力を見て熊だと思い、ムラの人に相談に行きましたが、熊撃ち経験のある人曰く「熊は雑食性で、鶏は襲わないはずだ。ハクビシンかキツネだろう」。

ほかの人たちも半信半疑でしたが、その後大きな足跡が鶏小屋近くで見つかったために、「やはり熊だ」ということで、害獣駆除が認められました。猟友会がおりを仕掛けたところ、すぐに若いオス熊が掛かり、その年の被害は止まりました。ところが、その翌年も翌々年も鶏小屋に熊が入ったのです。時期は必ず九月。まだドングリなどの木の実が熟しきらず、もっとも食べ物に困る時期なのでしょうか。

鶏小屋のまわりに電柵を張った最近は、被害は発生していません。とはいえ、毎朝ドキドキしながら給餌に向かっています。しかも、熊の気配は早稲谷のあちこちで年々強く感じられ、ここ数年は田畑に行くときも脅えながらです。

小麦の種播きと稲刈りで大忙し

九月下旬から一〇月にかけては、稲刈りがピークとなります。農家にとっては、一年でもっとも晴天が続くことを願いたいころです。でも、この時期の会津は天気の移り変わりが速く、秋雨のころでもあり、希望どおりの好天が続く年はまずありません。機械化が進んだ昨今、朝露や小雨で稲穂が少しでも濡れていると、機械が詰まってしまうため、稲刈りはできません。変わりやすいしぐれ模様の天気に冬将軍の到来を感じながら、わずかな晴天を逃すまいとやきもきしつつ、農家は稲刈りに追われます。

ひぐらし農園ではそのころ、小麦の種播きです。かつての二毛作とは異なり、会津では現在ほとんどの田んぼに稲一作のみ。小麦は、田んぼではおろか、畑でさえもほとんど姿を消しました。冬の数カ月間は雪の下になり、その間に雪腐れという病気で品種によっては十分生育できず、収穫量が望めないからです。小麦の販売価格が低いのも、減少に輪をかけます。

ひぐらし農園では、収穫した小麦は阿武隈《あぶくま》高地と奥羽山脈にはさまれた中通りの製麺所に持って行き、乾麺に加工してもらいます。中通りは太平洋側気候のため、冬の日照時間が会津よりはるかに長く、いまでも小麦栽培が盛んで、加工業者がいるからです。我が家の乾麺は色が市販品と比べてやや黒っぽいものの、小麦の風味が生きていて美味しいと好評です。

小麦播きが一段落して一〇月に入ると、近隣の農家よりやや遅れて、稲刈りが本番となります。田植えが遅い関係で出穂も遅いうえに、秋分を過ぎて日照時間が短くなったために、ただでさえ日当たりの悪い早稲谷の田んぼは、秋の登熟が一層ゆっくり進むからです。私の場合は、一〇月中旬を過ぎると造り酒屋(大和川酒造店)の仕事が始まるので(第6章1参照)、稲刈りは他の農家より効率よく、短い時間で終わらせなければなりません。いまではほとんどをコンバインで刈り、乾燥機で乾燥させています。

農業と自然が生みだす風物詩

就農当初は乾燥機を持っていなかったので、すべて天日干しにしていました。一列ずつ刈っていくバインダーという小型の機械で午前中に刈り、午後は束になったまま田んぼに倒れている稲わらを稲架《はざ》と呼ばれる干し竿にかけていくのです。一日にできる面積は、夫婦二人でせいぜい一〇a。当時の田んぼの面積は最大で九〇aでしたから、刈って干すだけで一〇日近くかかりました。ようやく終わると、干しておいた稲を脱穀しなければなりません。ときには一〇月下旬までずれこみます。このころになると初雪が降る年もあるので、好天が続くようにひた

家族総出での稲刈り(2009年)。右側で稲架を作っている

すら天に祈っていました。

このように苦労は多いのですが、田んぼに稲が干されている風景は美しいものです。私が就農したころは、秋になるとたくさんの稲架が周辺で見られました。ところが、その数は減る一方です。米価の下落は止まらず、手間のかかる天日干しにこだわる人は少なくなりました。しかも、稲架を作る技術をもつ農業者はどんどん引退しています。秋の風物詩ともいえるこうした美しい風景は、失われつつあるのです。

日に日に冷え込みが強まると、周辺の広葉樹が美しく染まっていきます。早稲谷の山々の葉の色づきは、紅葉という言葉だけでは表現しきれません。山紅葉やヤマウルシ、ヌルデの鮮やかな赤、コナラや栗などのおだやかな赤、山桑、タカノツメの黄色。東北の秋は本当に美しい！　ピークは一〇月末ごろでしょうか。

週末に時間がとれれば、子どもたちと目の前の里山散策です。田んぼに水を引く水路に沿って歩くと、天然のナメコやヒラタケ、ムキタケなどが見つかります。子どもたちは、冬に向けて水が止められた水路の上に落ちている色とりどりの落ち葉を集めては、楽しんでいます。

大事な冬支度

積もるほどでなくても、一一月に入れば、雪がちらつきます。初霜が降り、初氷が張るのも、このころです。すでに造り酒屋の仕事が本格化し、日も短いのですが、雪国では冬に向けて絶対にやっておかなければならないことがあります。それは畑の後片付けです。

夏に張っていたトマト用の雨よけハウスのビニールはもちろん、インゲンやキュウリの支柱、ナスやピーマンなど果菜類の倒伏防止の支柱まで、すべて引き抜いて物置小屋にしまわなければなりません。雪の力は想像以上で、春が近づいて雪が沈んでくると、それに引っ張られるようにして金属の支柱でも容易に曲がってしまいます。雪が降れば畑には近づけないので、この時期に終わらせておかなければなりません。

後片付けと同時に、越冬用の野菜を収穫します。冬の間は生鮮野菜が採れません。一一月中旬に白菜や大根をまとめて収穫し、物置小屋の片隅などに保存しておきます。凍結と乾燥を避けるためにビニール袋に入れ、上に古い布団などを被せておくのです。この野菜たちが、長い間食卓に君臨した夏野菜たちと入れ替わり、冬場の我が家の大事なおかずとなります。この時期にお勧めなのは、霜にあたった葉物たち。とくに、ほうれん草は甘みがあって絶品です。

雪が降る前にやっておくことは、まだまだあります。なかでも欠かせないのは、落ち葉集めです。落ち葉は、三月に野菜の育苗用の温床に使います。そのためには、雪が降る前に集めておくしかありません。

会津で落葉が始まるのは、紅葉が盛りを過ぎる一一月上旬。それから雪が本格的に降るまでのわずか数週間に、作業をすますのです。できれば晴天が続いて落ち葉が乾いているときに集めたいのですが、この時期の天候ではほぼ一〇〇％そんなことは望めません。ときには造り酒屋の仕事帰りに、真っ暗な林道で、車のライトを頼りに集めることもあります。まだ熊も冬眠していませんから、ビクビクしながらの作業です。

ただし、二〇一一年の冬からは集める量を減らしました。東京電力福島第一原子力発電所から約一〇〇㎞離れているとはいえ、放射能汚染が心配だからです（第8章参照）。落ち葉集めに限らず、原発事故後は、さまざまな農作業を例年通りに行うべきかどうか悩まされました。何がどれくらい汚染されているか、わからないからです。とくに落ち葉は、有機質を畑に持ち込むので、慎重に考えなければなりません。

落ち葉集めが一段落すれば、農業機械類の収納と雪囲いです。雪国の晩秋は、農繁期と同様に息抜きできる時間がありません。慌しい日々は、まとまって降った雪が根雪になる一二月中旬まで続きます。仕事がある程度すんでしまえば、こんなせわしない思いはたくさんだとばかりに、いっそのこと早く大雪でも降ればよいと逆に思ってしまう日々です。

4 雪国ならではの冬

美しさと厄介さのはざま

雪雲がたれこめた会津の朝は暗いものです。私が住む古民家はすっぽりと雪に囲まれ、山々の陰となり、朝日の差し込む隙間はほとんどありません。暗闇に包まれながら、寒さでピンと張り詰めた空気を布団の中で感じていると、除雪用のローダーが大きな音を轟《とどろ》かせながら道路の除雪をする音が聞こえてきます。除雪車は、一晩で一五cm以上降ると出動するきまりです。その音を聞くと、今朝も新たに雪が積もったことがわかります。

冬の朝は、薪ストーブに火を入れることから始まります。秋の収穫時に取っておいた大豆のさやが絶好の焚きつけです。その上に近所の家具屋さんからもらってきた薄い木切れを重ねて火をつけると、ストーブは瞬く間に温まります。とはいえ、冷え込みの厳しい日の朝は、ときには室内でも氷点下二℃ということも。そんなとき、寒さに震えながら、日差しの差し込まない暗い部屋で、ゆらゆらと揺れる炎を見ていると、何とも気持ちが落ち着いてきます。

早稲谷は一ｍをゆうに越える積雪に見舞われるため、冬は土に触れることができません。私

積雪が２ｍ近くに達し、埋もれてしまった鶏小屋の雪かき

は一〇月中旬から約半年間、喜多方市内の造り酒屋へ酒造工として勤めています。山深いとはいえ、朝にはしっかりと除雪車が家の前の道路の除雪をしてくれますから、閉じ込められて出勤できないということはまずありません。

ただし、出勤前には恒例の一仕事。玄関から除雪された道路までの雪かきと、物置小屋や育苗ハウスなどの除雪です。冬は使わない畑にスノーダンプという器具で雪を移動していく作業は、ただ黙々と続けるしかなく、楽しいと思うときはほとんどありません。それでも、ひと息つこうとふと目線を上げれば、あたり一面に広がる多彩な雪模様。これは言葉にできないほど美しく、見飽きることがありません。

この地に移住しなければ決して出会わなかった景色。ちょっと大げさかもしれませんが、自らの人生選択の結果によるものなのだと単調な作業中にふと思うとき、すごく幸せな気持ちになれるのです。

とはいえ、日常生活を過ごすにあたっては、雪が厄介であることは間違いありません。果敢（無謀？）にも越冬ハウスを建て、厳冬期に小松菜や春菊などの葉物野菜の収穫をめざしたこともありますが、一晩の大雪であえなく倒壊しました。以来、冬のハウスは早春に使う小さな育苗用のみです。また、貴重な冬の収入源である養鶏にしても、大雪のたびに鶏小屋の屋根に登って雪下ろしをしなければなりません。雪道にタイヤがとられて車が動けなくなるのは、日常茶飯事。ハンドルがとられて軽トラックが横転したことも、何回かあるほどです。横倒しになった車から這い出てくるとき、日頃は感じることのないドアの重みに驚かされます。

冬の卵は雪の色

冬だからといって、農作業から完全に遠ざかるわけではありません。鶏たちには毎日、エサと水が必要です。両手にエサの入った重いバケツを持ち、雪の中をかき分け、夏よりもはるかに苦労して給餌します。でも、その見返りに卵をたっぷりと産んでくれるのかというと、現実はそう甘くはありません。とりわけ、一二月から一月にかけては、まったくと言ってよいほど産んでくれないのです。何しろ、我が家の食卓にさえめったに上がらないのですから。

原因は、寒さというよりは日照時間です。日が短くなると冬を感じ、鶏たちはわずかに残った本能で、生理的に産卵を控えるようになります。冬に卵を孵《かえ》しても、寒さで雛が育たたないことを知っているからです。それを防ぐには、日没に合わせて電灯を点《つ》け、日差しの短さを感じ取れなくすればよいのですが、何だか鶏がかわいそうな気がして、やっていません。人間同様、冬は冬らしく過ごせばよいと思いませんか。

ちなみに、ひぐらし農園の卵は季節によって黄身の色が変わります。美味しい卵は黄身の色が濃いと思っている人によく出会いますが、黄身の色はエサの色で決まるのです。

ひぐらし農園のエサは、大和川酒造店から出た米糠が中心です。そのほか、近所のお豆腐屋さんからもらったおから、農家からいただいた古米やくず米、そして自家製のくず麦、くず大豆、そば粉、パンくずなど。これらにミネラル分補給として、カキ殻と魚粉を加えます。春には、とう立ちした菜の花や余った越冬野菜、夏から秋なら野菜くずもたっぷり与えます。遺伝子組み換え品種が混入する恐れのある飼料用トウモロコシは、使用していません。

黄身の色はこのトウモロコシに大きく左右されるので、ひぐらし農園の場合は淡い黄色になるのです。そして、くず野菜の途絶える冬はより一層淡い色になり、卵焼きを作ると白くなります。私は「ひぐらし農園の黄身の色は季節によって変わります。冬は雪の色になるのです」と消費者に伝えています。鶏にも卵にも、季節感があってよいと思うのです。

鮮やかな黄色をめざすならエサに色素を混ぜればよいけれど、家畜には人間が食べられないエサを中心に与えるべきだと私は考えています。もちろん、栄養バランスをとり、鶏の健康を第一に考えるのは、当然です。でも、そのために必要以上に成分にこだわるべきではないでしょう。地元で手に入れられるものに、まずはこだわりたい。たまに市販の卵を食べると、どぎついほど鮮やかなオレンジ色の黄身だったりして驚きます。きっと、パプリカ色素をたっぷりとエサに混ぜているのでしょう。

発酵の季節

冬のもうひとつの大事な農作業が、ぼかし肥作りです。ひぐらし農園は有機資源の圃場内循環、地域内循環を心がけています。家畜を飼い、飼料はなるべく自給し、排泄物を堆肥化して田畑に戻すのが圃場内循環、その範囲をもう少し広げ、農家単独ではなく地域全体で行うのが地域内循環です。私が鶏を飼い、エサをできるだけ近隣から手に入れている理由も、ここにあります。

ぼかし肥作りの場合も同様です。原料の中心は、鶏の餌と同じく米糠。造り酒屋から出る大量の米糠は、貴重な地元産有機資源です。ただし、困ったことが起き始めました。ぼかし肥を目当てに、獣(たぶんカモシカや熊、ハクビシン)が寄ってくるのです。米糠を発酵させると、パンの生地や黒蜜のような香りがします。ぼかし肥を定植する野菜苗の根元に与えたところ、匂いに誘われて一晩で獣に荒らされたことがありました。そこで、最近は田んぼの元肥《もとごえ》に使用しています。水を張ってしまえば、獣も近づきませんから。

冬は気温が低く、時間もたっぷりあるので、加工品、なかでも発酵食品を作るのに向いてい

味噌の仕込みをする連れ合いの晴美、左側が長女の乃絵、右側が次女の蕗乃

ます。だから、ぼかし肥も冬に作るのです。

代表的な発酵食品と言えば味噌。ひぐらし農園では毎年、三月に仕込みを行います。自分の畑で取れた大豆を使うのはもちろん、米麹も自家製です。自分で味噌を作る人でも、麹まで自作というのは珍しいのではないでしょうか。麹が余れば、これも造り酒屋に勧めているメリットです。焼酎ともち米を加えて自家製みりんを作ります。

近隣にはどぶろくを造っている人も多いのですが、私はここ数年造っていません。どぶろくは造った人の個性が出て、それなりに美味しいと思いますが、やはりプロが造った日本酒にはかなわないというのが私の結論です。

子どもたちは寒い冬も元気です。初雪に喜ぶのは当然ですし、休日ともなれば一日中雪遊びに興じています。車で一時間程度のスキー場へ連れて行ってあげたいところですが、残念ながら、あまり実行できていません。

造り酒屋の仕事の合間の貴重な休みは、雪かきや屋根の雪下ろし、そのメドがたてば味噌造りと、どうしてもおとなの都合を優先してしまいます。せいぜいカタ雪になったころに、雪に埋もれた近くの田畑にちょっと探検に行くぐらいです。しかも、休日にこうした冬の暮らしを楽しめる期間はほんのわずか。三月に入れば、農作業の準備に追われ、あっという間に新しい春を迎えることになります。

このようにひぐらし農園の一年は慌ただしいけれど、都会のように刺激のある毎日ではありません。むしろ農家にとっては、退屈なほど変哲もない日々の継続が幸せなのです。豪雨や熊襲来なんて刺激的なものがたびたび来られては、たまりません。

周囲の景色や田畑の作物は一見すると昨日と変わりがなくても、百姓の目から見れば少しずつ変わっていきます。その少しずつが積み重なって、植物はいつの間にか芽を出し、葉を広げ、花が咲くのです。毎日土を見て、山や田畑の植物を見て、空を見ながら、季節が移り変わっていきます。聞こえてくる鳥のさえずり、食卓に上がる野菜たちも、少しずつ変わっていきます。そんな小さな変化を家族とともに楽しめるのが、農業の、田舎暮らしのよさなのです。

第2章 有機農業をやろう!

霜里農場（埼玉県小川町）での研修時代

1 バブル時代に就職

体力は誰にも負けません

私が大学四年生だった一九九〇年、世間はいわゆるバブル景気の真っ只中でした。誰もが浮かれた雰囲気のなか、将来もこの景気が続くと多くの人が思い込んでいたころです。企業の業績も軒並み好調で、学生の就職活動は完全なる売り手市場でした。

本来であれば、就職は間違いなく人生の転機のひとつで、就職活動はじっくり自らの将来を考える重要な機会です。ところが、生来楽天家だった(いまもですが)私にとって、この浮かれた雰囲気はその性格を増長させました。周囲の友人たちが続々とリクルーターと呼ばれる大学OBと連絡を取っているのを見て、何の迷いもなく、その潮流に流されていったわけです。

「こんな仕事がしたい。自分の適性は」などとリクルーターに話す内容は、ほとんど上っ面だけ。待遇のよさそうな会社、安定していそうな業界、見栄えや聞こえのよさそうな大企業へとなびいていきました。

「あなたのアピールポイントは何ですか?」

リクルーターの方が、忙しい仕事の合間をぬってわざわざ設けてくれた貴重な面談の時間。訪問した会社近くの喫茶店や、ときにはレストランでランチを食べながら、リクルーターにこう聞かれ、私が躊躇なく答えたのがこのせりふでした。

「体力は誰にも負けません！」

学業そっちのけで、時間を見つけては山に登り、長期の休みとなれば全国津々浦々を自転車で走り回ることしかしていなかったのですから、ほかにアピールするものがない。これでは、やはりいけません。でも、本当にこんな感じの学生が当時はたくさんいたのです。

最近は、農業体験や見学などでひぐらし農園に来る大学生と進路について話す機会がときどきあります。彼らが直面している不景気＝就職難という拭いきれない不安感を知ると、本当に同情するし、あのころの自分の浅はかさに恥ずかしくもなります。当時の企業は、各部署で必要としている人材の頭数をとりあえずそろえることがノルマとされ、学生側だけでなく、将来を担う人材をしっかりと見極めるべき企業側の選定も甘いものでした。

そんな状況下で決めた就職先は大手鉄鋼メーカーです。なぜ鉄鋼メーカーなのか。大して深く考えていないとはいえ、金融・サービス業などの第三次産業ではなく、「生活に必要なものを作る」会社、生活の基礎となる基幹産業で仕事がしたいと思いました。ちょっと古いフレーズですが、「鉄は国家なり」です。

それならば、衣食住の基本である第一次産業の農業こそ「農は国の本なり」。めざすべき最たるものという気はしますが、何しろ浅はかな学生だったのですから、当然そこまでは頭がまわりません。しかも、グローバルという言葉がもてはやされていた時代です。3K（きつい、汚い、危険）の代表格といわれる農業なんて、まったく頭の片隅にもありませんでした。

徐々に疑問が沸いてきた

入社後の配属先は、アルミ板を海外へ販売する部署です。学生気分の抜けきれない若者にはもったいないほど、仕事は面白く、充実していました。日々変わる円相場や金属相場に一喜一憂し、まるで自分が世界を相手に働くスケールの大きな人間にでもなったかのような気分でいたのです。

一年も経たないうちに海外出張の機会があり、相手との契約交渉を任されました。素材産業は取引のロットが大きく、一つの商談で数千万円もの取引が成立します。もちろん最終的な判断は上司が行うものの、かなりの部分を自身で決めさせてもらえました。その後バブルがはじけて国内消費が落ち込むと、余剰生産能力を補うために輸出が強化され、自由に新規顧客開拓を任されます。自分が行ってみたい国に集中的に営業をかけることもできました。

インドネシアへの海外出張（1993年）

アジアが多かったのですが、まだバブルの余韻が残っていたので、飛行機はビジネスクラス、宿泊は超一流ホテル。営業でタッグを組むエリート商社マンと一緒に、顧客や商談先へ会社の代表として用意された高級車で乗り付ける。いま思えば、学生に毛が生えた程度の若造のくせに、ぜいたく極まりない待遇です。

しかし、そんな仕事の充実感とは裏腹に、未熟な青二才がこんな浮かれた状況で本当によいのだろうかという気持ちが、実は芽生え始めていました。自らの力のなさは日々の仕事を通じて身に染みていましたから、その思いはますます強くなります。

取引先の中心である現地資本の中小金属加工業の工場では、福利厚生や安全管理が整っていない厳しい環境下で労働する同世代をたくさん目撃しました。アジア諸国の開発のスピードは凄まじく、訪れるたびにジャングルや農地が拓かれて工業団地と化し、現地住民の生活が激変していきます。熱帯地域ゆえに強く感じたのかもしれませんが、工場周辺には常に悪臭が漂っていました。農地を奪われた彼らのほとんどは、工場労働者になります。格差や環境破壊を生で見るにつれ、自らの立場を疑問視する気持ちがふつふつと湧いてきたのです。

仕事のかたわら、アウトドア好きが高じて、カヌーでの川下りに夢中でした。ちょうどそのころ長良川河口堰（岐阜県）の運用をめぐって、反対運動が起きます。創刊されたばかりで愛読していた『週刊金曜日』に、たびたび取り上げられていました。長良川は河口までダムなどの人工物に邪魔されずに下ることのできる、カヌーイストにとっては憧れの川。天然のサクラマスが遡上できる数少ない川でもありました。

その川が水門で遮断される。運用開始時に、鉄製の扉がまるで世界を切り裂くかのように水門に続々と落とされていく映像は衝撃的で、直接の関係はないとはいえ、仕事に対して疑問をもつきっかけとなりました。何しろ、水門の施工は学生時代一番仲がよかったカヌー仲間の友人が勤めていた大手重工メーカーや競合する大手鉄鋼メーカーでしたから。

生活に必要なモノを作る会社に属しても、所詮は市場経済の世界に末端ながらもかかわり、環境＝エコという面からは破壊する側に自分は立っている。その思いは徐々に大きくなっていきます。ここに至ってやっと、就職活動に初めて向き合う学生のように、自分の生き方について真剣に考えるようになったのでした。

2 海外ボランティアから農業へ

海外ボランティアへの関心

仕事やライフスタイルに疑問を感じだして最初に興味をもったのは、海外でのボランティア活動です。そのころ、内戦が終わったカンボジアで初めて総選挙が行われ、選挙監視員として派遣されていたボランティアの中田厚仁さんが殺害されるという痛ましい事件がありました。

年齢も同じくらいの彼が、アジアの圧政や格差、貧困に苦しむ人びとのために活動し、志なかばで亡くなったのです。ようやく社会の厳しさに直面し、自らの存在とは何かと悩み始めた私にとって、衝撃的な事件でした。

仕事を通じて感じた社会の矛盾。それは、拡大し続ける市場経済であり、そのために生まれた貧困や格差、環境問題などです。そうした社会的な問題に正面から立ち向かっていった青年の存在を見て、自然と私も海外で何かできないか考えるようになっていきます。

父が商社マンだった関係で、私は小学校低学年のとき、マレーシアの首都クアラルンプールで過ごしました。まだ日本企業がそれほど進出しておらず、経済発展もこれからという時代です。いまでこそ高層ビルが林立していますが、当時の街並みはアジア特有の雰囲気を色濃く残していました。規模は日本の地方都市程度。ちょっと車で走れば、すぐプランテーションのゴム林や、ヤシ油を採るためのアブラヤシ林、錫採掘の露天掘の鉱山が広がっていました。

そんな小さな街の郊外で目にする農村(マレー語でカンポン)は、物質的には恵まれていなかったかもしれませんが、ヤシやバナナ、パパイヤなどの木々の間で犬や猫はもちろん鶏や山羊などが歩き回り、人びとは簡素な高床式の家でのんびりと暮らしていました。それは、おそらくマレーシア人にとっての原風景でしょう。

そして、私にはその空間は何よりも明るく輝いて見え、子ども心にも豊かさを感じさせる雰囲気がありました。そんな素敵なカンポンが市場経済の荒波に飲み込まれ、崩壊していく。できれば、企業に属して破壊する側ではなく、それらを守る立場になれないだろうか。海外、とくにアジアの農村で何かできないかと考えたのです。

当時、海外でボランティア活動をしているNGOの情報は少なく、インターネットが普及する前ですから、情報の入手方法も限られていました。もっとも有名だったのが、JICA（国際協力事業団）が取り組む青年海外協力隊です。意気込んで説明会に参加してみたものの、ただ自分の力のなさを痛感するだけとなりました。そう、文学部出身で、しかも日本史専攻の私は、海外で求められている技術やスキルは何一つもっていなかったのです。もっとも、日本史を海外に教える仕事が仮にあったとしても、資質を問われかねないほど学生時代は勉強していませんでした。

それでも、いったん目覚めた気持ちはなかなか収まりません。海外ボランティアで活躍している人たちの体験談を片っ端から読み漁りました。そして、経済のグローバル化のなかで発展途上国の農村が疲弊し、自然環境が破壊されていく状況について、憂慮するようになります。

大凶作の衝撃

そんな折、私にとってまた転機となる大きな出来事が起こりました。それは、一九九三年の記録的な冷夏による大凶作です。お米の作柄を示すのに、作況指数という指標があります。一〇〇ならば平年並みの収穫量、一〇〇以上なら豊作、以下なら不作です。

農業に携わってからわかったのですが、日本の稲作技術は完成度がとても高く、稲の耐病性や耐寒性などの品種改良も進んでいます。だから、多少の天候不順があっても、作柄の大きな変動はありません。まして、南北に細長い日本列島ですから、豊作・不作のブレはせいぜい五％程度。つまり、作況指数は毎年ほぼ九五～一〇五の範囲に収まります。

ところが、この年の全国の作況指数はなんと七四でした。その原因は未曾有の天候不順と言われています。稲にとって、穂の出る時期とその前一カ月の天候がとても重要です。このころに低温に長期間あたると穂の数が減り、いもち病が蔓延したり、出穂後も実が入らない不稔という現象が生じる場合があります。一九九三年の夏はなかなか梅雨が明けず、真夏の太陽はほとんど顔を出しませんでした。その結果、著しい日照不足と低温に見舞われたのです。なかでも、東北地方は冷夏が大きく響き、作況指数五六という未曾有の大凶作となりました。

ふだんは農業への関心がほとんどなかった都市生活者の間でも、この凶作はしだいに話題にのぼりだします。そして、ついに多くの人たちが農業に関心をもたざるをえない事態が発生しました。タイ米の緊急輸入です。

タイ米は日本のお米と比較すると長粒種で粘りがなく、独特な香りがあります。タイの隣国マレーシアで幼少に過ごしたので多少ひいき目に見ているかもしれませんが、決して不味いお米ではありません。寿司飯には絶対無理ですが、パサパサとした食感は焼き飯やエスニックカレーには絶品です。ところが、日本の消費者にはきわめて不評だったようで、国産米を求めてスーパーで長蛇の列ができる傍ら、タイ米が売れ残っているというニュースをよく目にしました。経済力にものを言わせて勝手に輸入しながら、不味いの一言でつきはなした世間の傲慢さに私は腹が立ち、現地の方々にとても申し訳ないと思いました。

この「平成の米騒動」を目の当たりにし、海外ボランティアへの関心に変化が起きました。わずか一年の不作で大混乱するお寒い日本の農業事情と、自分も含めた日本人の農業に対する意識の低さに驚き、日本の農村に関心をもつようになったのです。海外を心配する前に、自分の足元を見なければならない。日本の農村がどういう状況にあるのか、まずは知ろう。

同時に、グローバル化という聞こえのよい言葉に踊らされすぎていたという反省もありました。海外ボランティアの目的自体、利己的・自己中心的な想いが先行していたし、特別な技能がない自分にも気がつきました。こうして、何一つ作り出さずに消費するばかりの生活スタイルに疑問をもったのです。

稼ぎと仕事

ところが、いざ日本の農業について知ろうと思っても、情報収集は大変でした。ビジネス関連書は小さな本屋でも山積みされていても、農業のようなマイナーな分野の本を探そうと思えば大きな書店に行くしかありません。しかも、そこにあった本のほとんどが研究者向けの学術書で、農民自身が声をあげて現状を訴えているものはわずかでした。

それでも、いくつかの本で知識を仕入れていくうちに、日本の農業の将来が厳しいことがわかってきました。とくに、農業者自身が思うことや直面している問題を書いた雑誌『百姓天国』は、農業に対する情熱や危機感が伝わってきて、とても面白かった記憶があります。

また、哲学者の内山節《たかし》氏の本に大きな影響を受けました。彼は労働について哲学の視点で論じています。そこでは、「稼ぎ」と「仕事」の違いが、自身が通っている山村での経験を例にあげて示されていました。現代社会の労働は現金を得るための「稼ぎ」であり、それは狭義の労働である。一方、人が生活していくための基本的な行為が「仕事」であり、それが広義の労働である。

私が社会に必要と信じていた会社での仕事は「稼ぎ」にあたり、その過程で生まれる矛盾や不安を抑え込むために、多くの人は自分の仕事に対して意味や価値を見出そうとしている、つまり役割があると思いたがっているというのです。まさに、私が鉄鋼メーカーを選んだ心境そのままでした。

しかし、その仕事は、実は本人でなくては成し得ないものではなく、所詮システム・歯車の一部にすぎない「虚構の労働」です。そして、役割のある労働とは、自然と人間、人間と人間の関係のなかで生まれると書かれていました。その関係を回復させないかぎり、人は仕事で幸せを感じられないというのです。これは、私の労働に対する捉え方に大きな影響を与えました。同時に、現在の経済システムとサラリーマンという存在への疑問があらためて大きくなっていきます。それは、論理的に熟慮して得た結論というより、ほとんど直感的なものです。

食料自給率はわずか四割。高齢化・後継者不足。耕作放棄地の増大。細かい規格など過剰なサービスによる農家への負担。産地間の過当競争。生産者と消費者との乖離。輸入増大・消費減による価格の下落。農薬の過剰散布による健康被害……。

そうした問題が山積している農業界を知り、さらに内山氏が述べる労働観が加わって、農業をやってみたいという気持ちが芽生えてきました。農村という舞台で、自然と向き合って働くことこそが、本当の労働だろう。不味いと文句を言いながら、「稼ぎ」で人の食料や暮らしを収奪するのではなく、食を「仕事」として、まずは自給する。それが、国際ボランティアなんて身の丈を越えた目標を掲げるよりも、自分が本当にやるべきことなのではないか。

初めて知った有機農業

農業について調べるにつれ、私にとってもう一つ大きな発見がありました。それは環境に配慮した有機農業の存在です。恥ずかしながら、それまでは有機農業という言葉さえ知りませんでした。

有史以来、人間は農耕によって豊かさを築きあげていきます。その過程では、再生できないほどの環境破壊は起きていません。しかし、現在はアメリカを代表とする地力収奪型の農業が幅を利かせ、表土の流失、地下水の枯渇、砂漠化、生物多様性の消失など、深刻な環境破壊が起きています。だから、農薬に頼った農法ではなく、かつて当たり前だった持続性のある農業技術の伝承とそれを基礎とした科学的発展こそが必要だと思ったのです。

地域の風土を生かす試みを続けている有機農業に興味をもったのは、自然なことでしょう。私にとって有機農業は、内山氏が言う「人間と自然との関係の回復」とも一致するように思えました。

「よし、有機農業をやろう！」

いまの立場のまま思い悩むよりも、まずはすべてをリセットして自分の生き方を問い直そう。その方法を有機農業に求めよう。

そう考えると、急に目の前の霧が晴れていくような気持ちになりました。四年間のサラリーマン生活を経て、ようやく生き方の方向を見つけることができた瞬間です。有機農業は、サラリーマン生活のなかで感じていた社会の矛盾に対する、最善の解決策と思えました。

3　人生の師との出会い

道しるべとなった本

では、農業を始めるにはどうしたらよいのでしょうか。両親とも東京の下町出身で、親戚にも誰一人農家はいません。まして、何の技能もスキルもない文系人間。さらに、わずか四年のサラリーマン生活では、手持ち資金もたかが知れています。だいたい、収入のほとんどはアウトドア商品の購入と旅費、飲食費に消えていたのですから。

そこで、まず脳裏に浮かんだのは研修。どこかで修業し、最低限の知識と技能を得てから本格的な就農をと思い描いたわけです。しかし、行政の農業研修制度は当時からあったものの、欧米の大規模農家への視察や国内先進農家への研修費補助など、主として農家の子弟が後を継ぐ場合を前提としていました。農業大学校も各道府県にありますが、同じく後継者育成が主目的で、当時は非農家の新規参入希望者向け講座はありません。もちろん、有機農業コースなんて気配すらありません。

そう、有機農業はそのころ完全なる異端児扱いだったのです。そうなると、頼りになるのは本。個人で研修を受け入れている農家がないか探すことを目的に、再び書店に通いました。こうして目に入ったのが、埼玉県小川町の霜里農場で有機農業を営む金子美登《よしのり》氏の著書『いのちを守る農場から』(家の光協会、一九九二年)です。偶然手にしたこの本との出会いは、暗中模索する私にとってまさに幸運でした。

バブルが崩壊し、時代の先行きは混沌としていましたから、私だけでなく多くの人たちが将来に不安をもって、悩んでいたのかもしれません。そんな折、それを象徴する出来事が起こりました。一九九五年三月の地下鉄サリン事件です。首謀者であるオウム真理教と、そこに集まる信者たちの実態がニュースなどで次々に判明するにつれ、同世代の若者がいかに将来に不安を抱き、悩んでいたのかが、明らかになっていきます。

彼らが取った行動は決して許されるものではありません。ただし、不安から逃れるために宗教に走る心理は、私にもある程度理解できました。既存の社会に嫌悪感をもっているという点は、まさに共通していたでしょう。でも、彼らには私のような幸運な出会いがなかったのです。あるいは自身で道を開こうとしたときの方向が悪かったのかもしれません。『いのちを守る農場から』は、迷う私の道しるべとなりました。

金子さんは、日本に有機農業という言葉さえ確立していなかった一九七一年から有機農業に取り組んできた草分け的存在。つまり、この世界では当初からのプリンスであり、スーパースターです。米・野菜はもちろん、大豆・小麦・果樹を栽培し、畜産(乳牛)・平飼い養鶏も手がけてきました。その栽培技術もさることながら、特筆すべきはそれらをすべて消費者と地場産業に直売し、その過程で生産者と消費者を結ぶ社会運動の先頭に立ってきたことです。

その行動は、明らかに時代の流れ、正確には日本の第二次世界大戦後の農業政策に逆行する試みでした。農家は営農指導というマニュアルに沿って農薬や化学肥料を投じ、一つの作物を大量に効率よく生産して産地を形成し、農協を通じて大都市に安定的に供給するという分業化・大規模化を推進していたのですから。もっとも、この流れは、有機農業が世間に認知されたいまもほとんど変わっていません。

当然ながら孤軍奮闘する金子さんは周囲から異端児扱いを受け、存在を認められて生活が安定するまでの努力が並大抵ではなかったことは、著書から想像に難くありません。初心貫徹という意思の強さと、高度経済成長期を経て市場経済中心社会で生じた矛盾に対して、常に百姓という立場で戦ってきた姿勢に、感銘を受けました。

いったい、どんな人物なのだろうか。眼光鋭く社会を見つめる、近づきがたい雰囲気の人かもしれない。強靭な体躯と意志をもった孤高の人のようなイメージを勝手に膨らませていきます。そして、こんな生き方をしたい、ぜひお会いしたいと思うようになりました。

金子さんの忘れられない行動

同級生から四年も遅れて、自分の人生の方向を決めるべく、初めての就活！　人生の目標を見つけ、気持ちは前に前にとはやるばかり。意欲があるときは怖いもの知らずになれます。その勢いのまま、ただ著書を読んだというわずかな縁(縁とさえ言えないかもしれません)を頼りに、電話口の向こうにいる強面《こわもて》の人を想像しながら恐る恐る連絡を取り、一日農場体験をしたいと伝えたのです。

すると、意外なほどすんなりとOKをいただき、早速週末を利用してお邪魔しました。周囲はゆるやかな里山に囲まれ、広い谷間に田んぼが広がり、流れる川はまさに清流そのもの。季節は冬が終わり、日に日に暖かくなる三月初めで、梅が咲いていました。築二〇〇年を越える茅葺きの母屋を中心に牛小屋や蔵が周囲に配置され、家を囲むように果樹園や鶏小屋、畑が広がっています。その美しい田園風景を見たとき、パッと頭に浮かんだ言葉は桃源郷でした。

緊張した面持ちで訪ねた金子さんは、想像とはまったく違い、細身でとても穏やかな方で、慣れた様子で私を受け入れてくれました。社会で息詰まって、農業に人生の新たな活路を見出そうとしている若者にとって、この霜里農場は数少ない灯台のような場所であり、金子さんはカウンセラーの役目も担っていたのかもしれません。

私が訪れたのは、たまたま研修生の入れ替わりの時期でした。一年間の研修を終えた人が旅立ち、新しい研修生が参集する前で、農場には金子さんしかいません。おかげで、初対面にもかかわらず、農作業のお手伝いの傍ら、じっくり話を聞けました。そのときどんな話をしたかの詳細は記憶の彼方ですが、ひとつだけ鮮明に覚えていることがあります。それは、彼の発する言葉ではなく、何気ない行動でした。

早春の農作業に育苗があります。苗半作といわれるほど大切な仕事です。夏野菜、とくにナス科は育苗期間が長いので、初夏からの収穫を望むなら、二月には種を播かなければなりません。でも、夏野菜は高温を好みます。そこで利用されるのが温床です。多くの農家はビニールハウスの中で電熱線を地中に埋め込み、畑をいわばホットカーペットのようにして加温しながら、苗を育てていきます。

一方で、電気に頼らずに昔ながらの堆肥熱を利用した温床を、踏み込み温床といいます。竹を格子状に結んで枠を作り、その中に落ち葉や切り藁、鶏糞、米糠などをサンドイッチ状に敷き、全体にまんべんなく水分を与えながら丹念に踏み込んでいくのです。枠の高さから一五㎝くらいまで踏み込めば完成。一週間ほどで発酵が始まり、約三〇℃まで上がって、その熱は一カ月ほど持続します。私が訪れたとき、金子さんは踏み込み温床を作っていました。

作り方を説明しながら、金子さんが杭と竹を結ぶときに取り出したのが葛《くず》の蔓《つる》でした。いや、取り出したというよりは、畑の脇の竹林に巻きついたまま冬枯れしていた葛の蔓をおもむろに引きはがしたのです。こんなゴワゴワの堅い蔓をどうするのだろうかと思っていると、彼はその蔓の切り口にナタで縦に切り込みを入れ、両手で引き裂いたのでした。葛は不思議なくらい、きれいに半分に分かれました。そのままでは堅く使い道のない葛の蔓が、みごとな紐に替わった瞬間です。

驚いた私を見て、いたずらっ子のような笑みを浮かべる金子さんの顔には、私が想像していた社会に立ち向かう厳しい面持ちはかけらもありません。むしろ、すべての物事を知り尽くした人のような印象でした。

金子さんは新規就農の相談を受けると、「農業には体力が必要だから、就農はなるべく早いほうがよい。できれば三〇歳前で」とアドバイスしていました。また、誰にでも現在の職を捨ててゼロからの就農を勧めていたわけではありません。安定した生活をベースに、近隣に小さな畑を借りて農的暮らしを楽しむという手段もあることを教えてくれました。たしかに埼玉県小川町は、やや遠いとはいえ東京の通勤圏です。サラリーマンを続けながら小川町で農的暮らしを模索することも、可能だったかもしれません。

でも、私の場合は、行き過ぎた市場経済に対して距離をおき、農業を生業とし、自分の生き方を軌道修正したいという気持ちがとにかく強かったのです。有機農業を実践する金子さんは、私がこれからめざす生き方の手本として、最高の師であったといえるでしょう。

4　霜里農場での研修

両親を説得しきれないまま退社

週末などを利用して、研修生を受け入れている複数の有機農業の農場にも短期体験にうかがい、最終的には霜里農場に研修生としてお世話になることを決めました。決め手は金子さんの技術力や人柄もさることながら、稲や野菜だけでなく、牛・鶏まで飼う（有畜複合経営と言います）農業の多様さです。

また、農場の空気が何となく私の記憶にあるマレーシアのカンポンの香りとつながり、直感的に「ここはアジアだ！」と思い、何だかうれしくなりました。そして、実際に霜里農場はアジアとのつながりも強かったのです。研修生も日本人ばかりでなく、毎年栃木県にあるアジア学院からも、短期で数人のアジア系の若者が来ていました。

さらに、有機物を嫌気性発酵させてエネルギーに変えるメタンガス発生装置(バイオガスプラント)など、資源を実に上手く循環させ、エネルギーまで自給する幅の広さにも感銘をうけました。食の自給だけでも憧れなのに、世界中の人とつながり、エネルギーの自給まで実践している！　環境問題を強く意識していた私にとって、こうした取り組みは画期的です。

ところが、農業を始める前にクリアしなければならない大きな問題がありました。それは両親の説得です。会社を辞めて農業の道に入ると伝えると、当然ながら「何を血迷ったか」と言わんばかりに大反対されました。

父は当時、単身赴任でバンコクに駐在中。真剣に将来を考えた末の決断であることを直接伝えて、説明を尽くしたいと思ったものの、はるか彼方です。そこで(まだ電子メールが普及する前だったので)、海外関連部署であるのをよいことに、密かに会社のＦＡＸを使って、何度も思いのたけを伝えました。けれども、どうしても納得してくれません。

ついに金曜日に休暇を取り、職場には内緒で週末にバンコクへ行きました。日曜日の夜行便で帰って来れば、月曜日の朝には何食わぬ顔で出社できると踏んでの行動です。父と直接話して、仮に理解されなくても、人事を尽くすつもりでした。しかし、やっぱりわかってくれません。いよいよ決別かと緊迫した空気が流れたときに、大事件が起きました。

飛行機に乗り込もうと空港に向かう途中で、パスポートを盗まれていたことが判明したのです。何という間の悪さ。この状況で頼れる人は父しかいません。先ほどの強気の態度はどこへやら、とにかく平身低頭に助けを求めるしかなかったのです。

こんなドタバタのおかげで、親子関係は最悪の状態は避けられました（パスポートが再発行されるまでの三日間、父のアパートで一緒に過ごさなければならなかったのですから）。とはいえ、きちんと説得しきれないまま、一九九五年六月三〇日に退社。わずか四年間のサラリーマン生活にピリオドを打ちました。バブル世代ですから同期入社の同僚はたくさんいましたが、おそらく私が最初の離職だったのではないでしょうか。

そして、翌日には荷物をまとめて霜里農場へ。そこまで急ぐ必要はなかったのですが、家にもいづらいし、一日も早く農の世界に浸りたいと思っての行動でした。ちなみに、会社や周辺の反応は、両親とはまったく違いました。不思議とみんなが私のやりたいことに理解を示し、取引先に挨拶に行っても好意的に受けとめてくれたのです。

腰が痛い！

霜里農場での研修期間は一年。同じ期間に寝食を共にした研修生は私を含めて三人、そのほか近隣から通いの研修生が二人いて、合計五人です。高校新卒から四〇歳を目前に脱サラした人まで、さまざまでした。

研修生といっても、金子さんの好意で農作業のお手伝いをさせてもらいながら有機農業を学ぶので、ほぼ居候《いそうろう》のようなもの。給料はもちろんありませんが、その代わりに寝場所と朝昼晩三食、さらには晩酌まで毎晩いただけるという、私の感覚としてはたいへんな高待遇でした。この晩酌で日本酒の美味さを覚えてしまい、その後の人生にこの方面でも大きく影響することになります。

研修を始めたときの私は二六歳。体力は十分のはずでしたが、体はまったく農家仕様にできていません。何しろ、つい前日まで冷暖房の効いた快適な空間で、ほぼ一日中パソコンに向かっていたのですから。そこから一転しての野良仕事は、厳しかった！　しゃがむ、中腰になる、重いものを持つという農家の基本姿勢は、とにかく腰に負担がかかります。研修初日の夕方には早々に腰痛を感じ、ひどいときはあお向けに寝ることもままならないほどでした。

そこに夏の強烈な日差しが追い討ちをかけます。小川町は、日本一暑い市として全国に知れ渡った熊谷市のすぐそば。しかも、この一九九五年は猛暑で、二〇一〇年の夏に次ぐ観測史上二番目に暑い夏だったのです。

しかし、どんな気象条件でも、それを受けとめて黙々と農作業を進めていかなければなりません。それが農業の厳しさです。私よりはるかに年上のスリムな金子さんがスイスイと作業をこなしていくのを見て、その体の強さに驚愕するばかり。「習うよりも慣れろ」ということわざどおり、いずれ自分の体がお百姓さんバージョンに改善されると信じ、老骨に鞭を打つように腰を押えながら、彼の後を必死についていきました。

研修の一日

霜里農場の朝は夜明けとともに、鶏や牛の給餌から始まります。続いて牛の乳搾り。搾乳牛は一頭なので、昔ながらの手搾りです。ただし、当時の牛・モモエちゃんは気性が荒く、金子さんしかできません。研修生は手際のよさに感心しつつ、遠巻きに眺めているだけでした。

秋から春先にかけては、日差しが高くなる前に、保温用に野菜の苗やイチゴに被せていたトンネル状のビニールを取りはずしたり、ハウスの窓を開けたりします。その後は収穫作業です。金子さんの奥さんの友子さんがその日届ける消費者の軒数と入れる野菜を教えてくれるので、彼女の指示に従って収穫します。キュウリやインゲンなどは、採れだしたら毎日収穫しなければなりません。

収穫が終わったら、牛舎で牛糞を集め、敷き藁を交換。牛糞はバイオガス装置に投入し、敷き藁は堆肥に積みます。さらに、生ごみとおからをもらうために、軽トラで市街地の高級料亭とお豆腐屋さんへ。生ごみはバイオガス装置に投入し、おからは鶏のエサや堆肥に混ぜ合わせます。以上がほぼ毎朝繰り返される基本の作業。ここまで終わって、ようやく朝食です。

朝食後は金子さんの指示に従い、時期ごとに、さまざまな作業に取り掛かります。消費者への配達だったり、畦の草刈りであったり、畑の雑草抜きであったり、野菜の種播きや植付けであったり、作業が途切れることはありません。夕方になると、野菜の苗やイチゴにビニールを被せて、夏なら田んぼの様子を見に行って、終了です。金子さんは研修生に気を配ってくれて、長い時間同じ作業が続かないよう努めていました。田んぼの草取りの繁忙期でも、半日は別の仕事をしていた記憶があります。

霜里農場では年間数十種類の野菜を作付けするので、一瞬たりとも息を抜けない忙しさが続きます。基本的に休みはありません。天候の具合を見ながらの綿密な計画と段取り。植物の生育を見守る観察力。問題が発生すれば、その原因を探る洞察力と臨機応変な対応力。五感を働かせ、感じ取ったり気がついたことを経験や知識に基づいて対処します。これは誰でもできることではありません。

ましてわずか一年で、ずぶの素人である研修生が身につけられるものではないということを、金子さんの動きを目の当たりにして認識させられました。自分は何もわかっていない、何もできないということを、身をもって知らされるのです。自分の無力さにどーんと落ち込むことからスタート。そして、少しずつ作物、鶏、土、天候と、いろいろなことを覚えたりわかったりして、農業の奥深さと楽しさを実感していきます。

このほか、研修生には見せていない、あるいは任せられない仕事もありました。たとえば田んぼの水の管理。田んぼにはムラが長年にわたって培ってきた秩序と暗黙のルールが数多くあります。とりわけ、水の分配には周囲が厳しい監視の目を光らせていますから、とても研修生に任せるわけにはいきません。

悲しい出来事

こうして新鮮で充実した日々を送っていましたが、研修中のすべてが楽しいことばかりというわけにはいきませんでした。同期の研修生・安田幸治さんの事故のことです。

安田さんは大学農学部を卒業後、農水省に入省し、福島県西郷村《にしごう》にある畜産試験場に四年間勤めていました。その後、心機一転百姓をめざして農水省を辞め、奥さんの実家が小川町という縁もあって、霜里農場に来たのです。農学部出身で、試験場での経験もあり、同期のなかでは抜群の農業センスを発揮していました。私とは雲泥の差です。そして、何よりも穏やかで優しい性格が好かれ、誰もが将来を期待していました。年齢が近いこともあって、私もとくに親しみを感じながら接していました。研修期間中に男の子が生まれ、公私ともに充実していたはずです。そんな彼を突然、不幸が襲いました。

安田さんの研修生活が始まったのは、私よりも三カ月早い一九九五年四月からです。翌年四月の独立に向けて霜里農場近くの放棄された桑畑を借り、桑の木を切り倒して、着々と就農の準備を進めていました。不幸な事故はそこで起きたのです。春のお彼岸も近いころで、晴天でしたが、風が妙に冷たかったことを覚えています。

その日の午前中、安田さんは桑畑を耕起するために、金子さんのトラクターを借りて一人で作業に向かいました。お昼になって、安田さんの奥さんから「夫が昼食に戻ってこない」という連絡を受け、いやな予感がして私が畑に見に行ったのです。トラクターは道路から一番離れた畑の奥に止まっていました。目を凝らすと、一見ただ置いてあるように見えたその機械の下に彼は挟まれていたのです。必死に救出しようとしましたが、体は冷たくなっていて、すでに亡くなっていました。

研修を終え、夢に向かってこれからというときの事故。わずか三カ月の乳飲み子を残して逝ってしまった彼や、ご家族の無念は、察するにあまりあります。金子さんも大きなショックを受け、一時は研修生の受け入れを止めようとまで考えたようです。でも、安田さんのご家族の説得で、受け入れの継続を決めたと後から聞きました。

それまでは、研修生になるという自分自身の選択の結果や責任は、自分に対してのみ負えばよいと思っていました。しかし、受け入れる側、金子さんは、どうなのでしょうか。研修生を預かるということは、その人の将来を、極端に言えば人生を左右するほどの影響を与えることを意味します。研修生の想いや気持ちを一緒に背負うのです。

研修生の受け入れがどれだけ重圧があり、覚悟が必要なのかを、恥ずかしながら私はこのとき、初めて気がつきました。それに対して、私はどれほどの真剣さと礼儀をもって、農業に、そして金子さんのご家族に、接していたのか。金子さんの期待や苦労にきちんと答えられていただろうか。

信じられないことに、金子さんは私のような研修生を三〇代前半から毎年、何人も面倒をみてきたのです。それがどれだけ大変なことかに、あらためて気づかされました。同時に、この恩をいつか何らかの形で返さなければいけない。そして、夢なかばで潰《つい》えてしまった安田さんの分まで頑張らなければならない。そう強く思いました。

大きな収穫を得て卒業

あっという間に約束の一年は過ぎていきます。これだけ多岐にわたる作業と知識をわずか一年で、自立できるレベルまで十分に学べたのでしょうか。答えは、残念ながらノーです。理想の形をまず見て、手伝って、学び、それをベースに施行錯誤するしかありません。

では、一年間で身についたものがないのか。これも、答えはノーです。私にとっての最大の収穫は、農村とはどういうものかを体験できたことでした。農村での人間関係を研修生という客観的な立場で観察できたのは、まったく知らないところで田舎暮らしをスタートするうえで、このうえない重要な経験となったのです。

たとえば金子さんは、田畑を移動するとき、常に道路を気にしていました。トラクターで通行すれば、土が道にこぼれます。私には仕方のないことと思えますが、それをわざわざ拾い上げたり脇に寄せたりして、公共のものである道路を必要以上に汚さないように努めていました。また、田んぼの水の入れ方や畦草刈りのタイミングについても、おもに地元の人との関係性をふまえながら、こまめに研修生に話してくれました。もし都会の感覚のままいきなりムラ社会に入っていたら、きっと抱え込まなくてもよい無用なトラブルに見舞われる回数が増えたことでしょう。その点で実に有効な一年間でした。

もう一つの収穫は、金子さんを通じて実に多彩な方々と知り合いになれたことです。農業だけでなくエネルギーまで自給している霜里農場には、さまざまな人たちが出入りしていました。それは、金子さんが努めて農場の門戸を開いていたことも大きいでしょう。

おかげで一研修生という立場ながら、自然エネルギーに詳しかったり、海外ボランティアに精通していたり、地域おこしに励んでいたり、いろいろな技能や目標をもつ人たちと出会うチャンスに恵まれました。農場にいながら、時代の先端を突き進む人たちと出会うことができたのです。ときには、変わり者としか表現できない人もいましたが……。

しかも、霜里農場には多くの卒業生がいて、全国に広がっています。同窓生という関係から気軽に行き来ができ、就農場所の選択、農村で新規就農者がどう振る舞うべきか、どう農地を取得するかなどの体験談や栽培技術などを聞くことができました。このネットワークは、私にとってかけがえのない財産です。

その最たる例が、連れ合いとの出会いでしょうか。時期は重なっていませんが、連れ合いも霜里農場で研修していました。実家の千葉県からも会津からも遠い長野県出身の彼女とは、霜里農場でなければ出会う機会はなかったでしょう。

同じ視点と価値観をもったパートナーとの出会いは、新規就農という特殊な環境での生活にとって、何よりも重要です。余談ながら、そのことを一番喜んだのは私の両親だったかもしれません。農業なんて不安定な生活では、バカ息子の結婚なんてとても望めないと思っていた矢先だったでしょうから。これだけでも、私にとって研修は大成功だったといえます。

いまになって思うのですが、霜里農場での研修は、学んだというよりも、金子さんの蓄積された農業技術や知識、人間関係、思想などをお裾分けしてもらうようなものではないでしょうか。金子さんがもつ「人と人」「自然と人」との関係性を、教えられるのでもなく、盗むのでもなく、お裾分けしてもらう。それが研修生自身の糧となり、自信となって、新たな人との結びつき、つながりをどんどん生みだしていく。そんな素敵な場所が霜里農場でした。

5　研修先の上手な選び方

手厚い支援は落とし穴にも

非農家出身者が新規就農を希望するとき、独立独歩で始めるよりは、農業研修を受けてから始めることをお勧めします。たとえ、農業技術の取得は一年程度の研修ではまったく不十分であると、私自身の体験が証明しているとしてもです。

最近では、新規就農者向けに、各地の自治体がさまざまな研修制度を用意しています。研修生を受け入れている農業法人もあります。私が就農を希望していたころとは比較にならないほど、選択肢や情報量は増えました。

資金の支援も充実しています。無償貸与の新規就農支援金もあれば、無利子の融資、研修受け入れ農家への補助、農地・農業機械の斡旋などもあるようです。福島県の場合は、県の認定就農者になれば、研修や就農準備に必要な費用、農業機械購入などの経営資金を無利子で借りられます。しかも、最大で一二年間、償還は免除されます。全国を見れば、農業研修中に月五万～一五万円の研修費を支給するという、驚くほどの厚遇も少なくありません。

ただし、門戸の拡大や手厚い支援制度の充実が、必ずしもよいことばかりだとは思えない場合も、多くあります。

喜多方市は全国的にも良質で美味しいお米が収穫でき、農業は市の基幹産業です。それでも、高齢化や後継者不足による農業の地盤沈下は否定できません。そこで、近年は新規就農希望者の獲得や支援に本腰を入れ、おおむね五年以上の就農を条件に、資金助成制度が充実してきました。その支援制度を頼って、都会から来る方もたくさん見られます。ところが、残念ながら市が用意する研修メニューは、市内のいわゆる先進農家、つまり大規模な篤農家を短期研修という名目でめぐるものが多いのです。ごく表面的な農業体験が並び、最近はやりのグリーンツーリズムの延長という感が否めません。

長期研修の場合も、私には行政の理念や狙いがあまり感じられません。ここでいう理念とは、新規就農希望者の受け入れによって、地域で何が新たに生まれ、何が変わるのかです。あるいは、何を期待し、どう応援していくのかです。それがはっきりせず、ただ目の前にある後継者不足問題を解消しようというだけでは、農業の未来はやはり見えてこないでしょう。

もっとも、こうした受け入れ農家は、技術面での蓄積はもちろん、百姓の名にふさわしく多岐にわたって才能を発揮する、優秀な方々です。農業を学ぶには、ふさわしいところと言えるでしょう。しかし、知識や技術、さらに土地、資金、そして体力さえもほぼゼロからのスタートである新規就農希望者にとって、たとえ手厚い支援メニューを行政が用意してくれたとしても、彼らを手本に同じ土俵に上がれるのだろうかとも思えます。

実は受け入れ農家もそれに気づいていて、研修に来た若者に対して、あえて厳しい態度で接しています。強い信念と努力のもとに生き残ってきたというプライドがありますから、当然のことです。それは、同時に愛情の裏返しでもあります。安易な気持ちでの就農は、成功にはつながりません。実際、脱落していった仲間たちも見てきたうえでの対応です。手厚い支援は、実は失敗につながる大きな落とし穴かもしれません。

自分の資質や考え方に合った農家を選ぶ

農業ほど、個人の資質や性格が反映される職業はないと思います。畑や田んぼを見れば、耕作している人の人柄やこだわりが、同業者ならたやすく想像できるでしょう。かく言う私も、草だらけ、やっつけ仕事が日常茶飯事で、自分の田畑はお世辞にもしっかりと管理されているとはいえません。そのザマを他人様に見られていると思うと、乱雑に散らかった家の中をのぞかれているようで、何とも恥ずかしいものです。

ただし、私はそれでもよいと考えています。高温多湿の日本では、草は生えるもの。目的の作物以外に草木一本生えていない畑のほうが、むしろ不気味ではないでしょうか。また、同じ無農薬栽培でも、作物以外の草を抑えるために、たとえばビニールマルチで徹底的に覆い尽くしている畑を見ると、違和感を覚えます。

それは、生命の多様性を受け入れて生かしてきた霜里農場で学んだからこそ自然と身についた考え方です。虫が近寄りにくいように、葉物野菜とネギ、ニラ、マリーゴールドなどを混植して、農薬を一切撒かずとも立派な野菜を育て上げる技術を教えられてきたのですから。もっとも、現代の篤農家と呼ばれる方々からは、「こいつは、まったくなっていない」と一蹴されかねません。私の畑の場合、草を積極的に利用しているというよりも、手がまわっていないだけのところもたしかに多々あるのですから。

無垢な子どもが周辺の環境の影響によって性格が形成されていくように、新規就農者にとってスタート地点すなわち学び場の環境が違えば、農作業のやり方や考え方も変わってくるでしょう。生産効率を優先して密植し、病気が発生したら薬で治すと教わった人に、まずは病気が発生しないよう疎植にして、生命力豊かに育つ環境を整えろといっても、その状態をすぐには理解できず、なかなか転換には踏み切れません。

それだけに、自分の資質や考え方に合った研修先の選択は、新規就農を成功させるための重要な第一歩です。私の場合は金子さんの生き方に感銘を受け、農業を通じて自らの考えを社会に対して表現していく活動も始めたいと思い、お世話になろうと決めました。つまり、農業技術だけではなく生き方を学びに行ったのです。この選択は間違っていなかったと、いまも自信をもって言えます。

ただし、独立後スムーズに自立していくためには、会津のような田舎への移住ではなく、金子さんの近くで土地を借りたほうがよかったかもしれません。一年間で学んだことを同じ気候風土のもとで実践できるし、ときには農業機械も借りられます。販路だって、支援を仰げば共同出荷も含めて見つけやすいでしょう。そして、何よりも研修先の農家が保証人のようなものです。まだまだ閉鎖的と言える農村では、後見人の存在は非常に大きく、就農した地域に溶け込むスピードが上がり、よりよい条件の田畑の借り受けにもつながります。

農業は転職先ではなく生き様

一言で農業を始めると言っても、そのスタイルはさまざまです。畜産なのか、稲作なのか、畑作なのか、あるいは花やハウストマトなどの施設栽培なのか。また、就農方法にも違いがあります。自己資金が少なく自給的農業から徐々に規模を拡大していく方法もあれば、資金も含めて用意周到に準備し、一気に投資する方法もあります。

実際には、具体的なビジョンを描けるほどの知識がないまま、ぼんやりとしたイメージで農の世界に足を踏み入れたいと願っている場合が多いかもしれません。そのとき、的確なアドバイスや支援を受けられる方がそばにいれば、何より心強いはずです。

それは有機農業の世界でも変わりません。何が目的なのか。農業をとおして何を表現したいのか。それは、どの作物をどれだけ作りたいかという営農計画ではなく、どういう生活をするかを意味します。農業は転職先ではなく、生き様です。自分の生き方をしっかり定めたうえで、その理想の形を実践している先輩の門を叩き、お世話になる。そうすれば、研修先の農家とは一生の付き合いとなるはずですし、研修中・研修後に出会った仲間を共有でき、新しいつながりが広がっていきます。

とはいえ、そう簡単に理想の研修先が見つかるわけではありません。研修先の候補者がどんな考えをもち、どんな活動を行っているかを知るには、直接お会いするしかありません。

まず、いろいろな農家に行き、話し、聞いてみる。有機農業ならば、ＷＷＯＯＦ（ウーフ、ホストと呼ばれる有機農業者の農場をウーファーと呼ばれる農業体験希望者が訪れ、食事・宿泊場所と労働力を交換する仕組み）を利用するのもよいかもしれません。そこで、自分の考え方に近い農家を知らないか尋ね、紹介してもらい、今度はその農家に行ってみる。こうして、なるべくたくさんの農家、農業、生き方のスタイルを知る。それが研修先の上手な選び方ではないでしょうか。

第3章　会津の山村へ移住

本木上堰の水を利用している中平地区の棚田

1　山間地で役割を果たしたい

営農計画より暮らし方

霜里農場での研修は一年間と決まっていました。それは金子さんの方針です。もちろん、すでに書いたように、わずか一年では、技術は十分には身につきません。にもかかわらず、なぜ一年なのか。それは、基礎さえ身につけられれば、なるべく早く就農地の環境に慣れ、そこで技術を磨いたほうがよいという理由からです。

私も研修中から、農業を始める地域について考えました。就農地を決めるには、周到な準備と決断が必要です。農業は、気候風土によって生産品目や経営方法が変わります。お米を作りたいのに高原野菜の産地に行っても意味がないし、ミカン類が作りたければ北国に行ってはダメ。資金が乏しいのに、北海道のような大規模農業が当たり前の土地に行っても仕方ありません。つまり、どんな営農計画が頭の中にあるかで、自ずと就農地が決まってきます。

では、自分は何を栽培し、どんな経営をやりたいのか。実は、金子さんのような有機農業をしたいということ以外は、具体的な営農計画は持ち合わせていませんでした。むしろ、農業でバリバリ稼ぐというよりも、自給を基本とした精神的に豊かな暮らしの確立を理想的な形として描いていました。

同時に頭にあったのが、移住した地域に何らかの貢献をする活動がしたい、それを内山節氏の言う「仕事」にしたいということです。農業にかかわろうとしたきっかけが、消費社会に対する嫌悪感・罪悪感であり、その延長上で日本の農村に興味をもつようになったのですから、そう考えるのは当然でしょう。

しかし、実際に研修を受けてみれば、農業の世界は奥が深く、また霜里農場で出会う方々は男女問わず、暮らしの達人と言えるほど経験も知識も豊富でした。それに比べて自分は、農村で役に立てるほどのレベルではありません。それは、ちょっと考えてみれば当然です。そこにいるのは人生の先輩たちであり、私の何十倍も自然と向き合ってきたのですから。

そこで思いついたのが、過疎化が進んだ不便な山間地での就農でした。市場経済のもとで、効率が悪い・生産性が低いという理由で見捨てられ、人的資源を奪われ続けてきた地域であれば、私のように特別なスキルがない者でも何らかの役割が果たせるのではないか。たとえ農村特有の閉鎖的な雰囲気があっても、スコップ一つ握って道普請などの共同作業や村の行事に参加していれば、少なくとも邪魔にはならず、受け入れてもらえるだろう。思い返してみれば、実に図々しい考え方ですが……。

研修を通じて、私のなかで大きな変化がひとつありました。それは、海外ボランティアに憧れたころに思い描いた「支援」から、ムラの中でできることをやる、つまり「役割」をこなすというスタンスへの変化です。同時に、ムラにある知恵や技を吸収したいという気持ちが強くなりました。

子どものころに農村にふれる機会がまったくなかったためでしょうか、農村は未知の世界で、ちょっとした憧れのような存在でした。何があるかわからない分、面白そうな世界が広がっている場所と思えたのです。高校時代は、一眼レフカメラを持って近隣の下総《しもうさ》台地の農村を自転車でウロウロしながら写真を撮り歩いていました。いま思えば、そんな深層心理があったからかもしれません。

山深く、都市から遠い山村であればあるほど、昔ながらの風習や知恵、技が残っているのではないか。内山氏が言うように、仕事と稼ぎがきっちりと分かれ、研修初日に心奪われた葛の蔓を一瞬にして紐に変えてしまった金子さんのような技をもつ人がたくさんいるのではないか。こうして、山村が私の就農したい憧れの地域となりました。

余談ながら、浅見という名字は奥秩父(埼玉県)に多いようです。かつて沢登りのため秩父のある山奥の集落を通ったとき、住人のほとんどが浅見姓で、驚いたことを覚えています。浅見姓は山奥の出で、そのDNAが山村回帰の本能をメラメラと燃え上がらせたのでしょうか。

雪国への憧れ

こうして本能の導くままに、自分の理想とする就農地域の条件を次の三つに定めました。

①なるべく山深い山間地。

②とはいえ、いままでの人間関係が断ち切られない程度に、東京からあまり遠くない。
③できれば、近くに温泉がある。
つまり、具体的な就農計画は後回しにて、まずは住む地域、いや住みたい地域から考えたのです。大学時代は山岳系と旅行系のサークルを掛け持ちし、見知らぬ土地を旅するのが好きだったので、日本各地に多少の見聞があり、その経験を手がかりに候補地をしぼりこんでいきました。初めに考えたのは、一年中農業ができる温暖な、静岡県や紀伊半島の山村です。

研修中に無理を言って何回か数日間の休みをいただき、なかば放浪のように気になる地域を巡りました。そこで何ができるだろうかと妄想しながらの旅は楽しいものです。時が経つにつれ、なぜか雪国に憧れるようになりました。明確な理由は、雪に覆われた田園がとても美しいということを知っていた以外、いまでもはっきりしません。もしかすると、千葉県やマレーシアと温暖や熱帯の地域に長く住んでいたことの反動、そして雪について無知ゆえの憧憬だったのかもしれません。

こうして、途中で、④雪国であること、という条件が加わりました。

もうお気づきでしょうが、農業経営という観点からはお世辞にも好条件とは言えません。むしろ、悪条件ばかりをかき集めたようで、まったくもって無謀な選択と言えるでしょう。しかし、とにかく雪国に強く惹かれてしまったのです。

そこで頭に浮かんできたのが、会津です。これは地元の方にはちょっと失礼な言い方かもしれませんが、会津が手つかずの自然が多く残る数少ない地域であることは、登山を通じて感じていました。しかも、有数の豪雪地帯であり、飯豊山を始め磐梯《ばんだい》山、会津駒ケ岳などの名峰をかかえる山間地です。ひなびた温泉が数多く、東京からそれほど遠くはありません。私自身、冬山登山や山スキーなどで足しげく通っており、親しみがありました。

会津をイメージした瞬間に甦ってきたのは、学生時代の夏休みに偶然ドライブで訪れた、ある農村の風景です。それは、会津若松市から博士《はかせ》峠を越えて訪ねた昭和村。山々に囲まれ、谷あいに田んぼが広がり、茅葺きの民家が点在する、まさに四つの条件をクリアする理想郷と言ってよいでしょう。

手紙を書いて、現地を訪問

さて、問題はここからです。現在とは違って、新規就農者に対して門戸はほとんど開かれていません。どうすれば、見知らぬところで農地を借りられるか。

まず頼るべきは役場だろうと考え、当時は「平成の大合併」の前だったので、昭和村をはじめ、周辺の南会津地域にある田島町、下郷町、舘岩《たていわ》村、伊南《いな》村、南郷村、只見《ただみ》町、金山町、三島町、柳津《やないづ》町の町村長さん宛に、「そちらで就農したい、有機農業がやりたい、土地と家を紹介してほしい」という熱い内容の手紙を、研修もなかばを過ぎた年末に送りました。ちなみに、尾瀬の玄関口である桧枝岐《ひのえまた》村は遠慮しました。平家の落人伝説があるほどの山奥なので、さすがに農業には向いていないだろうと思ったからです（実際、桧枝岐村に水田はありません）。そして待つこと数週間、ご返事をいただいたのが三町村。南郷村、只見町、そしてお目当ての昭和村です。

南郷村は、当時からブランドである南郷トマト栽培による就農支援をされていたようで、A3版の分厚い就農計画書が同封されてきました。そこには、農家として自立して収益を得るのに必要な規模、そのための初期投資費用、収入予定額、そこに至るまでの支援内容、必要な自己資金の説明があり、添えられたメッセージにはこう書かれていました。

「南郷トマトをやるのであれば支援を行います。自己資金は一〇〇〇万円以上必要です」

行政の対応としては至極当然だったかもしれませんが、資金なしで、有機農業をやりたいという熱い気持ちしか持ち合わせていない身には、断念するしかありません。というよりも、南郷トマト以外の就農希望者は来てもらっては迷惑と、やんわり断られたのかもしれません。

一方、昭和村と只見町は南会津地方でもとりわけ過疎化・高齢化が進んでいたところです。そのためでしょうか、「まずは、ぜひ見学にどうぞ」というかなり好意的な内容のご返事でした。そこで、さっそく休暇をもらって会津地方行脚の旅へと出発したのです。時は三月中ごろ、小川町は春の気配が色濃かったけれど、会津はまだまだ冬でした。何か手がかりがつかめるかもしれないという期待を胸に訪問しましたが、担当者（といっても移住者受け入れ担当はなく、農政担当者）に会ってみると、あっさり言われました。

「過疎地を何とかしたい気持ちはわかるし、若い人に来てほしいのもやまやまだけれど、住む家を紹介する術がない」

そう、田舎暮らしを始めるのに最初に直面し、かつもっとも困難な課題は、田畑などの農地の取得ではなく、住むところをどうやって見つけるか、つまり家の確保だったのです。

空き家が見つからない

過疎化や高齢化が進めば、当然、空き家も増えます。古い建物ですから、資産価値はほとんどありません。都市と違って転勤族はほぼ皆無ですから、人の移動がなく、空き家を借りたいという需要は地元の人にはほぼゼロ。だから、古い空き家を運用しようという人はほとんどいません。

さらに、空き家と言っても、そこには先祖代々の仏様が祀ってあります。ふだんは誰も住んでいなくても、盆と正月だけは帰ってくるという家が多いのも事実です。しかも、貸してもよいと家主が思ったとしても、それは誰に対してもOKということでは決してありません。集落やムラは一つの小さな社会集団であり、そこに入るには見えない壁が存在します。秩序を乱す人はNGです。また、新たな住人の行動に対しては、家主が保証人としてすべての責任を負わなければなりません。

当時は地下鉄サリン事件の直後で、オウム真理教が大きくマスコミに取り上げられていました。若者の流出が止まらないところに、どこの馬の骨ともわからぬ若い男が都会から単身で田舎に住みたいとやって来たら、地元の人はどう思うでしょうか？　誰だって警戒します。素性の知れた者でないとダメ、つまり会津に農家の知人がいない私のような者が借りるのは非常に困難だったのです。

三月以降も、亡くなった研修同期の安田さんに借りた『福島県の安全なたべものマップ』を頼りに、会津で有機農業を実践している方々を情報収集を兼ねて訪ねました。見ず知らずの若者の突然の訪問にもかかわらず、みなさん丁寧に対応してくださり、地域性や農業の苦労などをいろいろ教えていただきました。この場を借りて、あらためて感謝したいと思います。また、金子さんがゴルフ場建設反対運動をとおして知り合った、塩川町（現・喜多方市）在住の五十嵐健造さんにも、耕作放棄地の紹介などのお世話になりました。しかし、残念ながら空き家については、なかなか突破口がつかめません。

２　偶然の出会い

ユニークな人

そんな折、訪れた先の数人から「山都町に田舎暮らしをしたい人に空き家を紹介している人がいる」という情報をキャッチしました。それは、福島県の農業改良普及員(現在の普及指導員)をしていた小川光さんのことです。早速、小川さんの職場に連絡を取ってみました。

「今晩は職場の送別会で芦の牧温泉に泊まっているので、明日の朝そこに来てください。その後、空き家をご案内します」

翌朝、指定されたホテルに行くと、きらびやかなロビーに、外で作業するときと何ら変わらない汚れた服を着た人が現れました。彼は、私を見るなり「浅見さんですね」と声をかけてきました。ということは、私も場違いな服装だったということです。それが小川さんとの初めての対面でした。

県の職員なのでサラリーマン風のパリッとした格好を勝手に想像していましたが、どう見ても肉体労働系。というか、現場で土木作業していた人がホテルのロビーに来たという感じでしょうか。何しろ、綺麗な絨毯の上に薄汚れた黒い長靴で立っていましたから。もっとも、この衝撃はほんの序章にすぎません。以後、彼の強烈な個性に何度も驚かされます。

山都町は山形県と接する会津北部に位置し、日本百名山の一つ飯豊山の登山口として知られています。かつて飯豊山登山に二度訪れたことはあったものの、就農地探しの候補地には当初入っていませんでした。芦の牧温泉からは、会津盆地を縦断して約五〇㎞です。黒煙を上げながら走る小川さんのダットサントラックを見失わないように、ひたすら追いかけること約一時間。山都町の中心地を通り越し、渓流沿いを飯豊山の麓に向かって入っていきます。

日当たりのよい会津盆地にはすでに雪はありませんでしたが、ここまで来ると一面まだ銀世界でした。その日は天気がよく、田んぼは雪原となってキラキラと光っています。かつては茅葺きだったと思われる古い民家が、道路沿いに並んでいます。川を流れる水は雪解けのためか、少し白く濁っていました。美しい山里。「あ、ここもいいなあ」と思っていたとき、おもむろに小川さんのトラックが農家風の大きな古民家の前で止まりました。これが、私がいま住んでいる早稲谷地区との最初のかかわりです。

車から降りた彼は、なんと即決を求めてきました。

「ここ空いてますよ。どうしますか？　借りたければ、いまから家主さんに会ってみますか？　すぐ決めないのなら、違う方に紹介しますので」

小川さんは地方への移住希望者に人気がある雑誌『田舎暮らしの本』に登場し、その読者から空き家紹介を依頼する電話がちょくちょく入っていたようなのです。彼は東京都出身で、東京大学農学部卒業後福島県庁に入り、農業改良普及員として会津を中心に、農業指導に務めてきました。農業試験場会津支場では有機栽培技術を研究したそうです。

また、近隣の耕作放棄地の多さ、過疎化の進行、空き家の増加を憂うなかで、都会では田舎暮らし希望者が意外に多いことを知ります。そして、若い家族が移住して子どもが増えることと、空き家の有効活用の必要性を唱えていました。少子化による地元小中学校の存続が危ぶまれていたからです。しかし、すでに書いたように、地元では見ず知らずの人に貸すことを嫌がります。そこで、小川さんが進んで仲介役を買って出ていたのです。おかげで私が山都町に移住した時点で、すでに一〇組近い都会出身家族が定住していました。これは、空き家探しに翻弄されていた体験からすると驚くべき実績です。

ユニークな技術

小川さんは、耕作放棄地を有効に活用するために自ら研究開発したメロンとミニトマトのハウス無灌水・無農薬栽培を実践すべく、早期退職して山都町で就農する計画を立てていました。ちょうど、この一九九六年がその計画の初年度。自分の畑を手伝ってくれる研修生も募集していました。

早急な決断を迫られたのに、家がどんな状態か十分見学させてもらう間もないまま、小川さんは私に移動を促します。そして、さっさと車に乗り込むと、早稲谷地区の奥に向かって再び車を走らせました。薄暗い杉林の林道を抜け、高原状の畑に出たところに、無数のいも虫を連想させる変わったビニールハウスがありました。といっても、雪で潰されないようにビニールははがされ、パイプの骨組みだけだったのですが……。

これが小川さんのメロン畑でした。どうやらこの畑をとにかく見せたかったらしく、まだ雪の残る中で、栽培技術論の講釈が始まります。それはとてもユニークで、有機農業の常識を、少なくとも私のわずかな農業知識を超越していました。

彼は一切畑を耕さず、ハウスの中は草があえて自由に生えるようにしています。そこを野草帯と名付け、害虫の天敵が棲める環境を作り出すのです。ハウス内にはトレンチャーという機械で二〜三本の深い溝を掘り、桜の葉と米糠のみで一冬寝かせて作った落ち葉堆肥と牛糞堆肥を大量に投入します。その上にメロンやミニトマトを定植するのです。通常の栽培では一本仕立て、つまり主茎のみを伸ばし、わき芽はかいて(取って)いきますが、小川さんは多本仕立てとします。栽培中は一切水を与えません。

こうして、若干収穫量は少ないものの、濃厚な味わいの果実を作り出します。乾燥したアンデスの大地を原産とするトマトは、水を与えなければ与えないほど、味が凝縮されて濃くなっていきます。わき芽を多く残すのは、無灌水ゆえに根を強くしなければならず、根張りは枝の多さに比例するという理由だそうです。

山間地の条件不利地に特化した技術をもつ小川さんの畑は、とても興味深いものでした。でも、私は霜里農場の営農スタイルをめざそうと考えていたので、彼のもとでの研修はやんわりとお断りし、とりあえず家主さんを紹介してもらいました。

「廃屋」への居住を決断

紹介された空き家は、築一〇〇年を超える茅葺きにトタン板をかけたままの古民家です。大家さんに会う前にいったん小川さんと別れ、二〇㎞離れた喜多方市内のホームセンターに行っ

ほとんど廃屋だった空き家。左側が雪囲い

てメジャーや懐中電灯、柱や床の水平・垂直具合を測る簡易な水平計を購入。とんぼ返りで戻り、床や屋根に傷んでいるところはないかをチェックしました。鍵はおろか、縁側の戸も窓のガラス戸もなかったので、家主さんの許可なくとも簡単に入ることができたのです。実は住んで一六年が経ったいまも、縁側や窓にはさすがにサッシをはめ込みましたが、鍵がかからない点は変わりません。

メジャーで測ってみると、幅九間（約一六m）、奥行き五間（約九m）、会津地方に典型的な、長方形の入母屋《いりもや》作りの間取りです。三分の一が土間、残りが座敷。中央に一八畳ほどの広間があり、その奥に八畳の部屋が二つ並んでいます。部屋の区切りに壁はなく、すべてふすまなどの建具で仕切られ、長い縁側が広がっているのが特徴です。窓が少ないうえに、雪囲いがされていたので、春の強い日差しも屋内には届かず、薄暗い状態でした。玄関の壁には、かつて住人が自ら編んだのであろう蓑、雪が降ったときに踏み固めて道をつける踏み俵などの民具が下がっています。

水平計を柱や床に当ててみると、ほとんどが傾いていました。しかも、一定の方向ではなく複雑に。どうやら石の上に柱を立てただけの基礎のため、相当歪んでいるようです。広間には囲炉裏《いろり》が残っていて、その傍らに、なぜかミイラ化したウサギと思われる物体が転がっていました（あとでご近所から聞いた話ですが、キツネの一家が頻繁にこの空き家に出入りしていたらしく、ミイラウサギはその名残だろうということでした）。

懐中電灯で上を照らしてみると、天井板はありません。大きな梁と茅葺きの屋根がそのまま見えました。長年火を使っていた影響か、床一面に煤《すす》が落ちて真っ黒。壁は土壁が剥き出しのままで、やはり煤とほこりで黒ずんでいます。仏壇と神棚の中には、女性の遺影が飾ってありました。奥の座敷には布団が一組敷いたままになっていて、お葬式で使う盆提灯《ちょうちん》が二つ並んでいたり、ちゃぶ台の上には飲みかけのままのお茶碗が置いてあったりと、家主が突然蒸発でもしたかのように散らかっています。まるで時代を飛び越えてきたこの状態を一言で表現するなら、まさに「廃屋」という言葉がピッタリでしょう。

ただし、床や屋根なども修理に費用がかかりそうなところには、ほとんど傷みがないようです。しかも、雪国の厳しい風雪に耐えてきた堂々たる風格のようなものが外観から感じられました。

おそらく初めて古民家を目にしていたら、この家を借りようとは思わなかったでしょう。事実、小川さんは田舎暮らしを希望する数人に紹介したらしいのですが、傷み具合とあまりの古さに躊躇して、全員が断ったようです。それだけ、住むには厳しく映ったのかもしれません。何しろ、障子戸一枚で冬の寒さをしのがなければならないのですから。

ところが、幸いなことに私には免疫がありました。霜里農場の母屋も築二〇〇年で、この家に勝るとも劣らぬ古さ。屋内のかまどで煮炊きしていたために煙と煤に覆われ、『となりのトトロ』に出てくる「まっくろくろすけ」が住んでいるような空気が漂っていました。

そこで一年間お世話になり、エコな暮らしをめざしていたのですから、むしろ古い家は憧れです。「金子さんと同じような古い農家に住める。農業を始めるにはふさわしい家だ」と思い込み、ぜひ借りたいと思いました。快適に、いや人並みに住むにはかなり手を加える必要はあるけれど、素人仕事でなんとかなるでしょう。

この時点で、早稲谷とはどんなところなのかも、周辺の土地の様子も、まったくわかりません。でも、待望の空き家との出会いにすっかり有頂天となり、そんなことは(とっても重要なのですが)とりあえず後回しで、どうでもよくなってしまったのです。

住むところが、やっと見つかった。これも何かの縁にちがいない。営農計画は住んでみて、その風土に合ったスタイルを模索すればよい。

何とも乱暴な考え方ですが、言い訳をさせてもらえば、地域の資源を最大限生かす農業という意味では、これはもっとも基本的な考え方でもあります。何しろ、ゼロからのスタートですから。現実には、雪に覆われているままで就農地を決めてしまうのは無謀すぎたかもしれません。けれども、拠点が見つかったという喜びは、不安などのマイナス面をすべて覆い尽くすほどだったのです。

3　晴れて早稲谷の住民へ

「山の都」のまた奥の集落

ここで、あらためて喜多方市山都町について見てみましょう。私が移住したのは喜多方市と合併する前で、耶麻《やま》郡山都町と称していました。

会津盆地の端から飯豊山頂まで広がり、面積の八〇％以上が山林で、飯豊山から流れ出る一の戸川が南北に貫く細長い町です。南部は比較的平坦で、田んぼが広がっています。飯豊山に近づくにつれて山深くなり、早稲谷のような奥の集落は棚田が見られる程度です。冬は一m以上の雪に覆われますが、夏は暑く、この寒暖差が美味しい農産物を生む源となっています。近年はそばによるまちおこしが成功し、「山都そば」といえば広く知られたブランドとなりました。また、アスパラガスやニラ、キュウリなどの産地です。

移住した一九九六年の人口は五〇〇〇人を超えていましたが、一五年間で四〇〇〇人まで減りました。もっとも人口が多かった一九五五年ごろは九〇〇〇人だったそうですから、五〇年間で半減したわけです。かつては映画館があったほど賑わっていたという町の中心街は閑散としており、山間部では耕作放棄地がかなり目立っています。

早稲谷地区は中心部から北に約一〇km。一の戸川支流の早稲谷川沿いに東西に広がる、五〇戸ほどの細長い山村です。標高は約三〇〇mで、耕地は四〇〇m前後からあります。会津は民家が集落内に密集する傾向があり、隣の集落とは四kmほど離れていて、その間にはまったく人家がありません。また、ここより上流には人家がない、どん詰まりの集落です。

耕地面積は二%以下で、そのほとんどが田んぼです。山深いために、積雪は多い年では二m近くにも達し、四月初旬まで田畑が雪に覆われていることも珍しくありません。一方で、清らかな水と豊かな自然林に恵まれ、山菜やキノコなど天然の山の幸が豊富で、シイタケやナメコの原木栽培も行われています。

旧町役場へは一〇km、企業などの勤め先が多い喜多方市までは二〇kmです。移住当時は、もっとも近いコンビニは喜多方市内で、田舎暮らしの必需品であるガソリンスタンドまで一〇km、郵便局まで五kmでした。現在は一五kmほどの距離にコンビニが新設されましたが、直近のガソリンスタンドは廃業してしまいました。

早稲谷集落の全景

縮尺一〇万分の一の道路地図を見ると、早稲谷のあたりにはほとんど道路が書き込まれていません。それだけ山が深く、人が少ない、「山の都」と書く山都町でもとりわけ不便なところです。当然ながら過疎化と高齢化が著しく、移住当時一六〇人ほどいた人口は減る一方。増えたのは我が家くらいではないでしょうか。現在の人口は一三〇人あまりで、ピークだった一九五〇年の、ほぼ三分の一です。

一九五五年前後に行われた「昭和の大合併」までは、独立した自治体でした。いまでも我が家には前家主の表札が残っており、「耶麻郡早稲谷村」という字をかすかに読み取ることができます。一八〇〇年ごろに会津藩が編纂した『新編会津風土記』にも記載されており、住人のほとんどは先祖からずっとこの地に生き、土地を引き継いできました。その長い歴史に培われた独特な風土や気質が、いまも色濃く残っているところでもあります。

農業には不利でも、憧れの山村

ほとんど勢いで決めた就農地でしたが、農業の条件が恵まれているところではありません。田んぼは棚田ばかりで、まとまった耕地はほとんどゼロ。しかも、正方形や長方形のような整備されたものはなく、地形に合わせた複雑な形です。そして、高低差があるので、畦の高さが四〜五mになる場合もあります。これらを管理するだけでも大変です。山間地ですから、日照時間はもちろん短く、積雪量が多いので、冬季のハウスによる施設栽培は向きません。

山あいの多くは「地すべり防止区域」に指定されています。傾斜地を無理に平らに整地した畑は強い粘土質が多く、霜里農場の軟らかい土とは雲泥の差。せっかく餞別の一つとして金子さんからいただいた鍬は、まったく使えませんでした。形状が、重たい粘土質に合っていなかったのです。会津の農家は、どこでも「姫鍬」と呼ばれる鍬を持っています。地方によって鍬の形状が違うことを学びました。

また、飯豊山麓のブナ林から流れ出る清らかな水は他に代えがたい素晴らしい財産ですが、雪解け水のため、夏になっても冷たいという欠点があります。お米の平均的な反収（一〇aあたりの収量）は八俵程度で、山都町の平坦部の一〇俵には遠く及びません。棚田なので生産コストは高くつきます。約五〇戸のうち、専業農家はほとんどありません。兼業農家の多くは、農業収入が農外収入より少ない第二種兼業農家です。稲作は止めて、農業は家庭菜園程度という家も少なくありません。

その代わり、山村ならではの素晴らしい面もあります。まず、水が豊富で、きれいなこと。これは望んでも簡単に手に入らない特権です。そして、広葉樹林に囲まれているので、森林資源と天然の山の幸が豊富なこと。霜里農場で教わった踏み込み温床や落ち葉堆肥を作ろうと思えば、その資源には事欠きません。シイタケやナメコなどの原木の入手も容易です。また、農業だけでの自立はむずかしくても、バイオマスエネルギーに恵まれ、エコな農的暮らしには打ってつけです。

会津北部のこの地は、想像していた以上に山深く、私が希望していた四つの条件のすべてをみごとにクリアしていました(ちょうど、移住した年に町営温泉「いいでのゆ」が開業)。文句を言う筋合いはありません。とにかくここに住んで農業をやってみようと、思いました。

家賃は五〇〇〇円

空き家には四年前まで、高齢の男性が一人で住んでいたそうです。子どもに恵まれず、奥様が他界されたために、一人暮らしをあきらめて、喜多方市内の老人ホームに移ったとのこと。仏壇にあった遺影は奥様だったのです。

早稲谷に住んでいる大家さんはこの男性の親戚で、留守を任されて管理していました。しかし、農家は敷地が広く、夏の草刈りと冬の雪かきが大変です。それに、家は人が住んでいたほうが長持ちすると言われています。だから、誰かに住んでもらったほうがよいと考えていたようでした。そして、小川さんがすでに山都町に数人の移住者を世話していたという実績が信用となって、迷う大家さんの気持ちが後押しされたようです。おかげで、賃貸交渉は大きな障害もなく進んでいきました。

さて、家賃はどれくらいになるのでしょうか。これは、田舎暮らしを成功させるうえでとても重要な要素です。当面は、安定的な収入が見込めませんし、移住当初は出費がかさみます。田舎の空き家は少々、ときには大規模に修繕しないと住めない場合が普通だからです。不安も感じていたところ、交渉に同席していた小川さんが鶴の一声。

「まあ、あの家なら、せいぜい月五〇〇〇円ってところでしょう」

想定していたより、はるかに低い額。なんと、千葉の自宅で借りていた駐車場と同じ値段です。しかも、敷金・礼金もなし。心の中でガッツポーズ！　もちろん顔には出しません。ただし、二つの条件を言い渡されました。

ひとつは、集落の人足、つまり道普請などの共同作業への参加。つまり、集落のルールに則って生活しなさいということです。研修中から地域との付き合い方を学んできたので、これは問題ではありません。

もう一つは、家主のおじいさんが亡くなられたときはこの家から葬式を出し、仏壇はそのままにさせてほしいということ。葬式は自宅で行うのが当時の山都の常識で、近隣には葬祭場がありませんでした。私は自宅での葬儀がどういうものなのかいまひとつピンときませんでしたが、大した問題ではないだろうと承諾しました。これで交渉成立。晴れて早稲谷の住民となったのです。

ちなみに、家主のおじいさんは私が引っ越して間もなく亡くなられ、葬式はこの家でしめやかにとり行われました。しかも、驚いたことに土葬です。おかげで、伝統的な会津のお葬式を体験できました。もちろん、喜ぶようなことではありませんが……。そんなわけで、いまでもこの家にはご先祖様を祀る仏壇が残っており、遺影はご夫婦が仲良く並んでいます。お彼岸になると、大家さんがお線香を上げに来ます。

ところで、大家さんは私をムラに入れるべきかどうか、かなり悩まれたそうです。

早稲谷地区は単独で一つの行政区を形成しています。行政区は都会でいう自治会に相当し、ムラの共同作業や盆踊り、収穫祭などが行われる単位です。早稲谷の行政区は六つの組(いわゆる隣組)に分かれていて、町(現在は市)の配布物や回覧板、あるいはちょっとした人足などはこの単位で管理されます。組内がもっとも頻繁にご近所付き合いすることになるのです。大家さんは少し離れたところに住んでいるので、この家とは組が違います。

そこで、私が住む予定の組(当時は六軒、いまは五軒)に「もし変なヤツだったら、責任をもって追い出すから」と承諾を得に一軒一軒まわったそうです。見知らぬ人をムラに受け入れるということは、受け入れる側にも、引っ越して来る側と同様に、かなりの覚悟が必要なことがわかるエピソードでしょう。

移住して数年後に、大家さんから「あのとき受け入れて間違いでなかった」と言われたときは、本当にうれしくなりました。

移住を考えている人たちへのアドバイス

では、移住について一般にどれくらいの費用がかかるでしょうか。空き家の状態、賃貸か購入かによって大きく変わるので、具体的な金額を示すのは困難ですが、おおまかなところを私の経験をもとに伝えたいと思います。

最近は田舎暮らし希望者が増え、積極的に斡旋する自治体も増えてきました。そこで得られる情報を見ると、相変わらず貸家は少ないものの、売り家はかなり増えてきているようです。田舎を離れて都会に住む選択をした人も、かつては親戚や友人、ご先祖様のいる地元に愛着があり、空き家となっても簡単に手放そうとはしませんでした(手放したくても買い手はほとんどおらず、取り壊すか朽ち果てるのを待つだけだったとも言えるでしょう)。でも、地域コミュニティの崩壊が進み、都会生活に慣れるにつれ、徐々に故郷から精神的にも離れる人が増えてきたということでしょうか。たしかに、家主として気を遣う貸家より、疎遠になってしまうとはいえ、売り家のほうが気楽なのかもしれません。

田舎暮らし希望者にとっては選択肢が増えた一方で、売り家を手に入れようとすれば初期投資費用がかさみます。何より、買うと借りるとでは気持ちの重みが違います。同時に、家を買って移住してきた人のほうが住み着く覚悟が高いと判断されるから、地元により早く信頼されるのは確かです。

私の場合は貯蓄が少なく、生活費と農業を始めるための設備投資に多少なりとも残しておかなければならなかったので、貸家を選択し、補修は最小限を自分で行いました。縁側のサッシは、土建業に勤める人から解体工事を予定している家を紹介してもらい、取り壊される前にはずしてきましたし、天井板は父の助力を得ながら張りました。ただし、何でも自分でやることがベストとは限りません。地元には大工さんをはじめ、左官屋さん、水道設備屋さんなどその道のプロがいます。彼らに頼み、地域との関係を深めていくことは、支払った代金以上の価値があるかもしれません。

また、移住費用よりも、その後の生活費が意外にかかることを覚悟しておくべきでしょう。その筆頭は車です。地方の大半は完全な車社会ですから、一人に一台必要です。しかも、本格的な農的暮らしをめざすなら、乗用車一台というわけにはいきません。軽トラック(軽トラ)だってほしくなります。車の維持費用は相当な額です。買い物に市街地まで往復すれば、すぐに五〇㎞くらいは走ってしまいます。自給自足と言っても、ガソリンはどうしようもありません。

北国であれば冬用タイヤが必要ですし、できれば四駆のほうがよいでしょう。慣れない冬道では事故の確率が高く、山都に移住したほとんどの人は初めての冬にスリップ事故の洗礼を受けています。

4 独身男とオス猫一匹の農的暮らしの始まり

意外な技が生きる

霜里農場での研修はきっかり一年とし、一九九六年七月一日に早稲谷へ。親戚からワンボックス車を借りてきての引っ越しです。荷物らしいものは、ほとんどありません。

金子さんからは餞別として、引っ越し費用を十分まかなえるほどのお金と、オスの子猫を一匹いただきました。もちろん、今後の人生の財産や基盤となる農業技術の基礎や有機農業の考え方、有機農業界や研修生同士のネットワークから、鍬や苗の類まで、実にさまざまなものもしっかりとお裾分けしていただいたのですが……。

猫も一緒なのは、古い家にはネズミがつきものですから、その対策を兼ねて、というのは表向きの話。ほぼ廃屋の、仏壇・遺影付きの家なので、一人ではちょっと寂しかったというのが正直なところです。

到着後は真っ先に、早稲谷行政区の区長、区長代理、会計、いわゆる三役に、大家さんからアドバイスされたようにお酒とタオルを持って挨拶まわり。続いて、隣組にもタオルを持って、ご挨拶にうかがいました。第一印象が肝心です。粗相のないように、逆に怪しまれるくらいの満面の笑顔を心がけました。若い男がムラにやって来るという噂はすでに十分に広まっていたようで、少なくとも面と向かって怪訝な顔をされることはありませんでした。でも、地元の不安はやはり拭えなかったでしょう。

「こった、ひでえ山んなが(中)ぎて(来て)、何やんだい？」

「はい？　え〜と、あの〜、の、農業をやりたいと思っています」

初心者には、会津弁のヒヤリングはむずかしいものです。とりわけ、お年寄りの発音は難解で、ほとんど正確には聞き取れません。雰囲気と状況から推測してやりとりする会話。よく聞き取れないときの、とりあえずの愛想笑い。

実はこのあたりのテクニックは、サラリーマン時代の海外出張で鍛えていました。海外志向があったにもかかわらず、語学力なんてたいしたことなく、常に場当たり的なコミュニケーションの取り方ばかりで乗り切ってきたのですから。そこで培われた推測力と場を取り繕う技が生きました。こんな能力が、田舎暮らしでは案外と重要だったりするのです。

前代未聞の雹《ひょう》

挨拶が終わると、ただちに家の掃除です。屋内は煤とほこりだらけでしたから、寝るところだけでも早急に確保しなければなりません。ありがたいことに、移住二日目に霜里農場の研修生が数名助っ人に来てくれました。まず、長年つけっ放しだった雪囲いを取りはずし、畳を外に並べ、梅雨の短い晴れ間に虫干しです。空き家の掃除には、けっこう体力を使います。

畳を干している間に、息抜きがてら近くを散歩してみようと、まだ行ったことのなかった奥の山に続く農道をみんなで歩いてみました。農道の左右には田畑が続き、やがて小さな峠を越えると、隣の集落が見下ろせます。そこには、美しい棚田の世界が広がっていました。田んぼはきれいに手入れされていて、一人の小柄なご老人が畦の草刈りをしています。会津伝統の「サルッパガマ」という縦縞模様のズボンをはき、急な棚田の斜面で、大きな草刈り機を使って軽々と刈っていました。

「こんにちは、このたび吉田貢《みつぐ》さんの家に越してきた浅見です。よろしくお願いします」

「ああ、山三郎んとこの家か」

山三郎は私が借りた家の屋号です。とりあえず、ご挨拶して世間話でもと思っていました。ところが、手を止めた老人は落ち着かず、様子がどうもおかしいのです。さてはよほど警戒されているのかなと思っていたところ、彼は空を指差し、「雨になんぞ」と一言。いつの間にか西の空に黒い雷雲が広がり、冷たい風が吹き始めていました。

あわてて来た道を引き返し、畳を投げ入れるように家にしまいこんだと同時に、雨が降り始めました。と思ったら、それは雨ではなく雹だったのです。しかも、ピンポン球くらいあろうかという大きさ。バラバラと音をたてて、一〇分ほど続きました。一面はあっという間に真っ白となり、軒先にはずしておいた雪囲いの塩化ビニル製の波板は無残にも穴だらけ。さらに、唖然としている間に今度は再び夏の日差しが雲の間から現れ、瞬く間に白いかたまりは消えていったのです。

山の天気は変わりやすい。それは登山の経験からわかっているつもりでした。しかし、早稲谷は人が生活を営むところです。それが、これほど激しいとは。これはとんでもないところに来てしまったかもしれないと、不安のよぎる瞬間でした。

もっとも後で聞いてみると、地元のご老人でさえ、あんなすごい雹は見たことがないというほどの、珍しい現象だったようです。少なくとも私は、以後の一六年間、あれほどの雹には一度も出会っていません。

とりあえず、煤だらけの畳をきれいにし、そのままだった家主さんの家財道具や盆提灯、布団などを奥の部屋にすべて突っ込んでみたところ、それなりに住める雰囲気になってきました。まだ家主のおじいさんは老人ホームで健在だったので、勝手に処分するわけにはいきません。幸い屋根はしっかりしていて、雨漏りなど緊急かつ大きな修繕を要するところはありません。ふだん過ごす場所と、寝床、そして台所さえ確保できればよしとしました。寂しい男の一人暮らしには十分の広さです。

窓ガラスがないとか、壁と柱に微妙に隙間があるとか、直そうと思う箇所はいくらでもありました。でも、とりあえず寒くなるまでにやればよいと、さほど急ぐ気持ちもなかったのです。

宴会での出来事

家の片付けが一段落したころ、小川さんが素晴らしい情報をもってきてくれました。彼が勤めている福島県農業試験場会津支場で、臨時の作業員を募集しているというのです。早速、応募し、働かせてもらえることとなりました。場所は車で三〇分ほどの会津坂下《ばんげ》町。農業試験場は、まだまだ不足している農業の知識を得るには打ってつけですし、当面の生活費を稼ぐために現金収入の手段を得なければならないので、願ったりかなったりの職場でした。

実はそれ以外にも効果があり、試験場で働きだしたと言うと、集落の人たちに安堵の表情が見られるようになりました。どこの馬の骨ともわからぬヤツに、働きもせずにムラの中をウロウロされていては気味が悪い。外から来た人間が「稼ぎ」もなく「仕事」だけで暮らしていけるはずがない。「勤めている」というのは、地元にとって何よりも安心できる材料だったようです。

一方で、ちょっとしたトラブルもありました。移住して二カ月ほど経った初秋のころ、隣の家からこんな情報をいただきました。

「ムラの鉄砲ぶちをやっている人（猟友会に所属している人）が熊を捕獲し、熊汁を集会所で披露するそうなので、行ってみるとよい」

熊肉なんてめったにお目にかかれないし（最近は実に頻繁に熊を目撃しますが）、ムラの人の顔を知るにはよい機会だからと、早速、集会所に向かいました。

そのときはこうした会がしょっちゅう行われているのかと思ったのですが、それ以来、収穫祭などの公式行事以外には、このような大々的な催しは行われていません。集落としてのまとまりが弱くなったのか、それとも突然やって来た若者がどんなヤツだかを見極めるのによい機会だからと意図的に企画したのか？　あるいは声をかけられなくなっただけなのか。とにかく、いま思い起こせば、とても珍しい宴会でした。

集会所に行ってみると、すでにたくさんの人が集まっています。おまけに、熊汁の大鍋が湯気をあげているために、メガネが曇るほどの熱気に包まれていました。挨拶もそこそこに、熊汁が大きなどんぶりに盛られます。想像していた臭みはなく、コクがあって、これがとても美味しかったのです。田舎特有のしつこいほどのお代わりの勧めに、調子に乗って二杯、三杯といただき、大満足。ところが、宴が佳境に入るにつれて、ちょっとした事件が起きました。お酒が入った人が一人、私に絡んできたのです。

「おい、お前は小川の手下か。だとしたら、オレはお前なんか認めないぞ。だいたいこんな山ん中で、農業しかも有機なんてもので食っていけると思ってんのか？」

小川さんの畑は、早稲谷地区の八重久原《やえくはら》というところにあります。小川さんが借りて耕作していた畑を早稲谷の地権者が返還を求めたことで、当時ちょっとしたトラブルになっていたようです。小川さんは、不耕起で、雑草もあえて生やす農法を行っているため、地元の人から、草だらけでろくに管理されていないという誤解が生じたのが原因でした。

小川さんの畑の周辺の耕作者が、「害虫や雑草の発生源になって迷惑だ」と地権者に直訴。板ばさみになった地権者が、小川さんに畑を返すように求めたのでした。ところが、小川さんは、手塩をかけて土作りをしてきた畑が肥えてよい作物が採れるようになってきた途端に奪い取られたと思い込んだのです。

これは双方の誤解と理解不足によるものですが、早稲谷の一部の人は、これがきっかけで、移住者に若干の不安をもち、同時に有機農業への偏見も増幅されていたようです。移住者や有機農業が理解されることのむずかしさを痛切に感じる一件でもありました。

宴席の出来事でもあり、以後は何も起こりませんでしたし、いまではその男性と共同で田んぼを耕作していて、まったく禍根は残っていません。突然ムラにやって来て、ましてや有機農業をやりたいとおかしなことを言っている得体の知れない若者を、当時はそれだけ警戒していたのでしょう。

第4章

有機農業による自立をめざして

初めての脱穀。都会の友人たちが手伝いに来てくれた

1 耕作放棄地の再開墾

まずは挨拶

早稲谷に住み始めたからといって、いきなり農業生活がスタートしたわけではありません。移住した七月は、農業を始めるには中途半端です。初年度から本格的な就農をめざすのであれば、作物の種播き時期である早春以前に移住するべきだったでしょう。しかし、この半年間が無駄になるとはまったく思っていませんでした。まずは地域を知る必要があります。家の確保ばかりに尽力して、土地のことも、そして肝心の営農計画も、一切後回しにしてきたのですから。

七月は、植物の生育がもっとも旺盛な時期です。道路に侵入してくる道端の雑草たちを刈らないと交通に支障が出るので、ムラの生活道路や農道の草刈りのために共同作業が連続して行われます。移住早々、上旬の共同作業で早稲谷の住民がほぼ全員集まったとき、紹介される機会がありました。初めて地区全員のお目通しを受ける絶好の機会です。このときになるべく多くの方の顔を覚えておかなければなりません。

というのも、地域のコミュニケーションの基本は何と言ってもまず挨拶だからです。ムラの中ですれ違う方には、万が一に備え、通りすがりの地区以外の人であろうとも、とにかく挨拶を交わすように心掛けていました。車ですれ違っても、軽く会釈する。遠く離れた街中でも、すれ違う車の相手が顔見知りであれば、挨拶しなければなりません。これは、田舎暮らしの基本中の基本です。生まれたときから終生同じ地区に住み、濃密な人間関係が続いていくのですから、無用のトラブルを避けるためにも、日頃からきっちりとコミュニケーションを取り、礼を尽くす必要があります。いわば、小さな共同社会を維持し続けるためのルールです。

驚いたことに、ムラの人は誰がどんな車に乗っているかさえも把握しており、会津中どこですれ違っても、ちゃんと手をあげて挨拶します。しかし、これは新人にとってはかなり酷といえるでしょう。向こうは新たに一人の顔を覚えればよいのですが、こちらは五〇戸全員、一世帯平均二人として一〇〇人もの顔と、それぞれの車まで覚えなければならないのですから。

「ずらほい」と言われないためには行動あるのみ

挨拶の中で、農業をやりたい、できれば農薬をまったく使わず有機農業をやりたいことを伝えました。ちょっと悩んだのは、自分の意志をどれくらいまで伝えるべきかです。すべてを明確かつ詳らかに伝えるべきなのか……。これから農地を紹介してもらわなければなりませんし、農業機械も一切持っていませんから、支援を受けるためにもアピールは大切です。

でも、ガツガツ自己主張するのもはばかれます。先に小川光さんの例をあげたように、多くの人は有機農業に馴染みがありません。だから、無用な誤解が生じ、ときには深刻なトラブルにも発展しています。周囲の空気を読まずに、自分の胸の内をむやみに明かすだけでは、かえって反発を食らうかもしれません。それに、早稲谷は決して好条件がそろった地域ではありません。離農した多くの方は努力が足りなかったり、やり方が間違っていて、農業をあきらめたわけではないのです。言い方によっては、プライドを傷つける可能性もあるでしょう。

では、地元の人はどう受けとめたのでしょうか。先祖伝来の土地を守り、長年の経験や技術に加えて、苦労しながらも少しずつ増やしていった農業機械、仲間や農協との協働。これらをもってしても農業をあきらめざるをえなかった人が多いところで、突然よそからやって来た若者が一人で農業をやりたいと言っている。しかも、有機農業なんて訳のわからないことまで。そんなこと上手くいくわけがないだろう。農業の厳しさを知らない無邪気なヤツが来た。まあこんな印象だったのではないかと思います。

田舎は何よりも実践を重んじるところです。ちなみに、会津弁で、偉そうなことを言うばかりでちっとも仕事をしない人を「ずらほい」と言います。さすがに面と向かって「お前はずらほいだなあ」なんて言われたことはありませんが、口先だけではすぐに見透かされ、信用を築けません。まずは行動を起こすこと。それが農村で信頼を勝ち取る唯一の手段です。

二反の畑を人力のみで開墾

そこで始めたのは、借りた家が持っている約二反（二〇ａ）の畑の再開墾でした。もともと耕地の少ない山村のうえ、私が借りた家は決して裕福な土地持ちではなかったようで、所有する田畑もわずかです。しかも、高齢のためずいぶん前に耕作を放棄していたらしく、家から山道を登って約一km、軽トラも容易に近づけないその場所に行ってみると、すでに畑の面影はまったくありません。ススキが大きな株を形成し、自然に生えたらしき雑木が大きく育ち、畑の一部を被い隠さんばかりでした。

耕作放棄地の開墾

まず、一番状態のよさそうな一畝（一〇〇㎡）ほどに万能鍬と唐鍬、つまり人力で挑戦。まだまだ夏の盛り、七月中旬です。萱株は小山のように盛り上がっています。それを真夏の太陽のもと、丹念に掘り起こしていきました。唐鍬を力任せに振り下ろし、ガッチリと根が絡んだ株を少しずつ細かく割っていきます。それを万能鍬で掘り起こしていくのです。大きな株になると、崩していくのに数時間かかることも。

その手ごわさに最初は閉口しましたが、根を張った萱株を引きはがすときの強力なマジックテープをはがすような感触と、少しずつとはいえ田畑が甦っていく様は、やがて快感に変わりました。これが開墾の喜びなのか？　とにかく達成感があり、土が見えるにつれ、夢が広がってきます。鍬を振り下ろし、一株掘り上げるたびに、雄叫び。一人での作業は、気を紛らわすためか、どうしても一つの動作ごとに声が出てしまうもので、傍から見ればかなり奇妙だったでしょう（困ったことにこれがクセとなり、いまでも力仕事のときに奇妙な声をあげてしまうことがあります）。もっとも、まわりには迷惑がるような人は誰もいません。

しかも、たっぷり汗をかくから、ダイエットにも効果ありの一石二鳥です。ただし、そのころは、ダイエットが必要なほど不摂生はしていませんでした。もっとも気持ちが充実し、毎日が修行者のような日々を過ごしていたと思います。

昼間は農業試験場のアルバイトが始まっていたので、開墾作業は早朝と帰宅後日没までの数時間です。本当は家の改修もやりたいところでしたが、それは雪が降るまでにやればよい。まずは開墾が先と割り切っていました。夜明けとともに畑に行き、鍬をふるう。アルバイトが終われば、とんぼ返りし、また畑を暗くなるまで開墾。西に開けた畑からは、山の間に夕日が落ちていくのがよく見えました。

ヒグラシの声を聞きながら、帰宅途中に近くの水路で汗を洗い流します。夏だからこれで十分。もっとも、借りた家の風呂は壊れていて使えず、近くにある温泉もヘトヘトで行く気にもならなかったのです。そして、家に着けばとりもなおさずビール。やはり、修行だなんて偉そうに言えるほどのことではありません。

ちなみに、当時の食事は寂しいものです。どうせまだ何もないだろうと、ご近所からはたくさん旬の野菜をいただきました。ナス、トマト、キュウリ。どれも新鮮で美味しいものばかり。しかし、クタクタで帰宅し、台所で料理しろというのは、もともと自炊が身についていない人間には酷なことです。トマトやキュウリなら生でそのままいけますが、それ以外はやはり調理が必要。そこで取った手段は、ただひたすら炒める。味付けは醤油と塩くらい。それが毎日続きます。悔しまぎれに、こううそぶいていました。

「目標とする自給、真に豊かな食卓とは、新鮮な地野菜を使い、質素であるべきなのだ。素材の味を最大限に生かした料理こそ、私が求めていたもの！」

かなり山奥の畑なので、作業中に周囲に人影はほとんど見られません。でも、荒地を開墾しているということは、なぜかムラにすぐに知れ渡ったようです。雄叫びが聞こえてしまったのでしょうか。

大根に間に合った

どうやら本気で、というか少なくとも「ずらほい」ではなく、やる気と体力はあるみたいだと思ってくれたのか、開墾開始二週間ほどで、お隣さんが、荒らしている畑を好きに使ってよいと言ってくれました。やや傾斜地ながら、一反ほどある広い畑です。ただし、やはり萱場と化していました。夏も終わりに近づいたお盆すぎになって、ようやくそこは畑らしくなります。最後の萱株を掘り上げたとき、思わず出た言葉が「何とか間に合った！」

何が間に合ったのか。それは大根の種播きです。雪国では冬に野菜が採れません。そこで、秋に保存性の高い野菜を作り、保管しておきます。そのまま蔵や雪の下に保管することを「囲う」と言い、大根はその代表格です。しかも、大根はぜいたくを言わなければ、痩せ地でもそれなりのものが栽培可能。小さかろうが細かろうが、大根は大根なのです。地区の人に播き時を尋ねたところ、八月下旬との答え。霜里農場よりも二週間ほど早い時期でした。

移住初年度、大根くらいは自分で作って食べたい。農的暮らしの第一歩は食べ物の自給です。さらに大げさに言えば、大根が私にとって冬越えのための生命線ともいえるもの。これがモチベーションとなって開墾に励んできたわけです。

八月も末になると、午後七時前にはすっかり暗くなり、朝晩は急に秋めいていました。開墾した畑の脇では萱が穂を出し、ヒグラシの鳴き声は消え、代わりにコオロギなどの虫の音が響き渡っています。いつの間にか、唐鍬を振り下ろし続けた夏が終わっていました。

こうして初年度の営農規模は、山間の傾斜地の畑一反。収穫物は大根（予想どおり極小サイズ）に加えて、小松菜、カブなどわずかな葉物野菜のみ。もちろん、販売実績はありません。こんなペースで、いつになったら目標の霜里農場のようになれるのでしょうか。

2　待望の稲作へ

田んぼがなかなか借りられない

年が明けても、耕す田んぼが決まりません。いずれ誰かが貸してくれるだろうとタカをくくっていたのですが、それらしきオファーはなく、春が近づくにつれ焦りが生じてきました。小川さんには「家さえ決まれば、農地はどんどん借りられる」と言われていたし、私もそう思っていました。実際、畑はすぐに借りられたし、周辺には耕作されなくなって間もない感じの田んぼがいくつか見受けられましたから。しかし、田んぼは畑と少々事情が違うようです。

かつて霜里農場の元研修生の農家を見学させていただいたことがあります。彼は静岡県掛川市の山あいで酪農と稲作を営む専業農家で、地域の中核農家でもありました。静岡は誰もが知っているお茶の産地。その周辺も茶畑がたくさん広がっていましたが、高齢化で耕作は減っているそうです。彼はそのとき、田んぼは離農するまで手放さないだろうと指摘していました。

「歳をとって体が動かなくなってくれば、まずは換金作物の生産、つまりお茶を止めるだろう。最後まで残るのは自給用の田んぼではないか」

稲作は日本農業の根幹です。そして、私がめざす農的暮らしのなかで一番に自給したいものをあげるなら、お米。移住して、とにかく稲作がやりたかったのです。耕地が少ない早稲谷では、田んぼの多くは自給用に作られています。ということは、なかなか田んぼが手に入らないのでしょうか。

早春に田んぼを借りられなければ、また一年待たなければなりません。これが畑との決定的な違いです。一年一作の田んぼを、私は人生で何回やることができるのだろう。限られた機会、貴重なこの一年をみすみす失ってしまうのだろうか。そう思うと、急に焦り始めました。

田んぼがすぐに借りられない理由の一つには、日本の農業の仕組みが大きく関係しています。日本の農政は稲作を国の礎と位置づけ、移住前年の一九九五年まで食糧管理法によって管理してきました。田んぼの耕作者はもちろん、生産されるお米の流通や価格などのすべてが国の管理下にあり、その実務を市町村や農協が担っていたのです。

減反《げんたん》政策に阻まれる

当時の私はそんな事情はつゆ知らず、ムラで親しくなった方に、貸してもらえそうな田んぼはないか聞いて回りました。すると、「今年から規模を縮小するつもりだったから」と、三枚で一反五畝(一五a)という、このあたりでは比較的大きな(?)条件のよい田んぼを貸してもらえるかもしれないという話が、三月早々に運よく転がり込んできたのです。田んぼはまだ雪の下で、現況は直接確認できない時期でしたが、またとないチャンスと考えて、すぐに地権者にお願いしたところ、その場で了承が得られました。

待望の田んぼが借りられた！　果報は寝て待てなんてダメ。やっぱり行動しなければ。

ところが、喜びもつかの間。数日もしないうちに、山都町役場から電話がありました。

「あそこの田は減反地としてすでに申請されているので、田んぼとして耕作することは絶対にできません」

減反。一九七一年から始まった日本農政の大きな転機の一つです。戦後の食糧不足に始まり、常に増産をめざしてきたお米が、この数年前から供給過剰となりました。余剰米を減らすために始まった政策が減反です。各農家に対して、一律に耕作面積の一定部分を作付けしないように強制しました。不公平感をなくし、より実効性を高めるという名目で、地域ごとに減反達成率が掲げられ、未達成の地域には転作補助金が支払われないなどのペナルティもあったそうです。この政策が地域コミュニティの崩壊速度を早めたという説もあります。これほど農家の自尊心を奪い、地域に大きな影響を与えた政策は、これまでにないでしょう。

早稲谷の場合、水が手に入る谷という谷の隅々に至るまで棚田が開墾され、稲作に励んでいたようですが、減反政策が始まると同時に、条件の悪い田んぼには一気に杉や会津特産の桐などが植えられました。また、何も植えられず、休耕してかなり経っている田んぼもたくさんあります。早稲谷では、減反達成率は一〇〇％以上です。ところが、山都町全体では条件のよい平坦部などで未達成のところがあるので、その分を早稲谷での減反を多くして補い、帳尻を合わせていたのでした。

だから、この一反五畝の田んぼに稲を作ると言い出すことは、山都町農政を揺るがす大きな事件であったのです。そんな事情は当時わからず、行政の対応に憤慨するばかりでしたが、どうすることもできません。結局、その土地は畑としてお借りすることになりました。かと言って、営農規模が拡大したと喜んでいる場合ではなく、一刻も早く貸してもらえる田んぼを見つけなければなりません。

七畝で一〇枚の極小田んぼが借りられた

いよいよ諦めかけたとき、一人の救世主が現れました。それは、引っ越し作業のさなか雹《ひょう》に遭遇したときに田んぼでお会いした、ご老人・山崎正光さんでした。自分が去年から使っていない田んぼを自由に使ってよいと、言ってくださったのです。タイムリミットに近づいた三月下旬のことでした。食管法からすれば、この田も休耕＝減反とカウントされているはずだったのですが、耕作者が誰なのか役場もはっきりと把握していなかったようで、復田に関しては誰も文句を言いませんでした。

田んぼの面積は七畝（七〇〇㎡）。枚数は何と一〇枚。早稲谷でも、とんでもなく小さな棚田でした。しかも、農道と隣接していないために、他人の田畑を通らなくては行けません。霜里農場の研修で学んだ一つに、他人の畦は勝手に歩いてはいけないということがありました。水管理に神経をとがらせているところに、他人にずかずかと畦を歩かれて気持ちのよい人はいません。これは、実際に稲作にかかわってみないと決して気がつかないことです。

ところが、その田んぼには他人の畦を歩かなければたどりつけず、まして農業機械を入れようとすれば、畔どころか他人の田んぼの上を通っていかなければなりません。作業のたびに余計な気をまわさなければならないし、隣人の作業ペースも配慮しなければなりません。隣の田んぼが代かきをすれば、それ以降は機械を通すことができないし、稲刈りのときも隣が終わるまでは機械を持ち込めないからです。そんなあまりの条件の悪さに耕作者が転々とし、いつの間にか誰が作っているのか行政ではよくわからなくなっているようでした。

しかし、たとえ少々(?)条件が悪くても、待ちに待った田んぼのオファー。是が非でも借りたい。幸いというか、相変わらず無計画というか、移住して一年弱なので、農業機械は一切入手できていませんでした。つまり、他人の田んぼの上を耕運機で通ることを心配する以前に、機械そのものがないのです。

それなら、作業は人力で。何しろ、前年夏には万能鍬で起こす技術を習得し、研修中に失いかけていた体力の自信も再び取り戻したのですから。人力のみでどれだけのお米を作れるかやってみようと思いました。

金子さんは以前「仮に一家族四人で五畝の田んぼを耕作すれば、その一家はお米を十分自給できる」と話されていました。農水省の統計によると、二〇一一年度の日本人の年間米消費量は五八kgです。慣行農法であれば、五畝で二四〇kgくらい穫れるでしょうから、十分なのです。

しかも、その程度の規模ならすべて手作業で耕作可能だと、金子さんは言っていました。七畝で一〇枚という普通の農家だったら喜べない極小サイズの田んぼは、金子説を試すにはかえって都合がよいでしょう。

想像してみてください。会津の平坦部にある基盤整備された一枚三反の広大な田んぼでの手作業を。何しろ一〇〇m×三〇mという大きさです。有機栽培の最大の課題である除草作業を炎天下に行ったとします。強い日差しと、「湯田が沸く」といわれるほどの水面の照り返し。体にまとわりつく湿気。そのなかで、ひたすら這いつくばり、手で草を取り続ける。一息入れようと腰を伸ばして先を見れば、ゴールである向かい側の畦は果てしなく遠い。きっと、そのあまりの大きさに絶望するにちがいありません。その点、こちらはほんの数mいけば別の田んぼになり、一区切りできるし、取った雑草も畦にひょいと投げ捨てられます。

というわけで、私の記念すべき田んぼの第一歩は、山都町役場が把握せず、農業委員会も通さないヤミ小作としてのスタートとなったのです。なお、いくら条件が悪いといえども、せっかくのご好意に答えるため、正光さんはいらないと言ってくれたのですが、地代はお米三〇kgとしました。ちなみに、早稲谷あたりの平均的な田んぼの賃貸料は一反一万円程度。喜多方市の農業委員会が定める条件のよい平坦部の田んぼの約三分の一です。

正光さんが出した条件は一つだけでした。それは、水路を管理する水利組合に必ず加入すること。私が借りた田んぼは元々水利組合に所属していたものなので、必ず入るようにというわけです。そして、これがまた新たな出会いを私にもたらしてくれました。

3 「文化遺産」の水路との出会い

耕作者総出で「春の浚《さら》い」

田んぼに水が必要であるというのは、子どもでも知っていることです。では、その水はどうやって田んぼまでやってくるのか、その仕組みとなると、よくわからないという人のほうが、おとなでも多いと思います。

実は私も、よく理解していませんでした。霜里農場で一通りの稲作作業は体験しましたが、水の管理はほとんど行っていません。水争い、水喧嘩という言葉があるくらい、田んぼの水については近隣との関係に神経質にならざるをえず、ましてやムラの人が総出で行う水路の共同作業となると一種の労役ですから、すべて金子さんが行っていました。地域との関わりが深い作業を研修生に任せるわけにはいかなかったのでしょう。

早稲谷には川を挟んで両側に三本の水路が存在し、それぞれに水利組合がありました。私が借りた田んぼは、その一つの水路を利用していました。「本《もと》木《き》上堰《うわぜき》」と呼ばれている水路です(図1)。このあたりでは水路を堰《せき》と呼ぶことが多く、一般にイメージする

堰の全容

345
385
235
300
稲
谷
高畑
(30)
(29)
(28)
(27)
(26)
(25)
(24)
(23)
(22)
(21)
(20)
(19)
(18)
(17)
(16)
(15)
(14)
(13)
(12)
(11)
(10)
(9)
(8)
(7)
(6)
(5)
(4)
(3)
(2)
(1)
水上廻り
水上堀貫
豊八新田
林ノ内
東原道上（町長さん上）
415
中長沢
若林（洲合館）堀貫
若林横堰
石上峠
若林
石上沢
十七松
北坂
上中平
遠林
238
361
下中平
小谷地
小谷地水管橋
館之越横堰
本木
大谷地終点
大谷地
約500 m
(c)GSI, Japan 2004-2007

図１　本木上

433
大規模林道
(48)
(47)
(45)
(46)
(44)
(43)
(42)
(41)
(40)
(39)
(38)
(37)
(36)
(35)
(34)
(33)
(32)
(31)
取水口
大なで
あったか沢
449
第一えん堤
居沢
枝ノ沢
杉ノ沢
早稲谷
外出サイフオン
外出堀貫
合洲沢樹樋
どじょう
628
越戸越
472
洲谷へ
八重久原越
440

堰、すなわち沢をせき止めて造った堤防のある溜め池は堤《つつみ》と呼んでいます。水利組合への加入については正光さんから伝えていただいていたので、初めて組合のメンバーと顔を合わせたのは「春の浚い」と呼ばれる共同作業のときです。組合員が総出で参加するので、総人足とも言われています。

毎年五月の連休に行われる春の浚いは、冬の間に水路に溜まった落ち葉や土砂、泥、石などを取り除き、雪崩《なだれ》などによって崩壊した法面《のりめん》(斜面)を修繕する作業です。初参加ですから、どこでどんな作業をするのかよくわからず、言われるままにスコップ一丁を持って、集合場所である旧早稲谷分校前に行きました。

参加者は約二〇名です。日ごろ見慣れた方ばかりですが、早稲谷全体の世帯数からすると三分の一程度。早稲谷では、水路は受益者のみ、つまり田んぼを耕作している者だけで管理することが通例なのです。責任者の挨拶が終わると、早速数台の軽トラに分乗して作業場所へ移動しました。荷台にあふれんばかりに人とスコップなどを乗せ、軽トラは早稲谷川の上流に向かっていきます。

最奥の民家を過ぎ、さらに進むこと一㎞ほど。ここまで来ると、早稲谷川は急に両側の山が迫って渓流となり、周辺はコナラが主体の里山から、ブナやミズナラ、栃が生える急峻な奥山の様相を呈してきます。ちょうど新緑の季節。広葉樹の山は萌黄色に輝き、斜面にはまだ雪が残っていました。そんな山奥の川沿いの一角で、軽トラが止まります。よく見ると、川向こうに小さな頭首口《とうしゅこう》（川の一部をせき止め、水位を上げているところ）があります。ここが本木上堰の取水口でした。

この取水口から下流に向かって、水路をきれいに浚っていくのです。水路の幅は約一mで、素掘りのところもあれば、コンクリートになっているところもあります。ベテラン参加者は、水路の形状や溜まっているものの種類によって、フォークや剣スコップ、平スコップ、ときにはジョレンなど状況に応じて的確に使い分けていました。そのために、それぞれがスコップを二種類以上持ってきており、軽トラの荷台が一杯になるのも当然です。

「大なで」と呼ばれる取水口近くには雪崩が集まり、ほとんど雪に覆われ、水路は顔を出していません。まずは、フォークを使って雪の上に乗っかった落ち葉の除去です。みなさんの腰には、ナタとノコギリ。雪の重みで倒れて水路に被さった木や蔓を、これらで払いのけていきます。水路は芽吹いたばかりの広葉樹の下を延々と続き、腰を曲げながらの作業は途切れることがありません。ほぼ一日がかりで、全行程のちょうど半分を浚いました。同日同時刻に隣の本木地区の耕作者たちも堰の下流部から浚い始めていて、ほぼ中間で両地区が合流した時点で、作業は終了となるわけです。

腰を曲げ続ける土方作業なので、体にはたいへん厳しいのですが、地元の人の手際よい山仕事の技を間近で十分観察できましたし、堰の周囲はコゴミやゼンマイ、山ウドなど山菜の宝庫で、作業の合間に山菜採りを楽しむこともできました。天気にも恵まれたため、皐月《さつき》のさわやかな気候のもと、新緑もまぶしく、心地よい疲労感。作業後には、けんちん汁とビールを囲んで慰労会も開かれ、実に楽しく充実した共同作業でした。

農民が管理してきた文化遺産

私がもっとも興味深く、かつ感動したのは、水路そのものの存在です。あらためて本木上堰について紹介しましょう。

水路は浚いのスタート地点だった早稲谷川上流部から取水し、深い山中を地図の等高線を描くように地形に忠実に流れています。その距離はなんと六km。早稲谷を通り越し、隣の本木集落まで流れているので、この名がつきました。高低差は、取水口から最終の田んぼまで五〇mほどです。通常、こうした水路は山腹《さんぷく》水路といいます。この水路のおかげで、谷筋ばかりでなく、山の上のほうまで田んぼが拓かれ、早稲谷の美しい田園風景ができあがっていきました。

地元に石碑が残っており、延享《えんきょう》四(一七四七)年に一二年間の工事の末に完成したと記されています。それ以来、連綿とこの地区の田んぼに水を供給し続けてきたのです。六kmのうち半分ほどが素掘りで、おそらく創建当時のままの姿と思われます。

見通しのきかない山中で正確に水路を刻める土木技術が江戸時代にあったことに驚かされると同時に、その水路をひと時も途切れさせずに農民が管理してきた事実も、私を驚かせました。機械化が進む現代においても、水路があまりに山中深く急斜面にへばりつくように開かれているために、容易に重機などが近づけず、今回のようにほとんど手作業で管理されてきたのです。それは、大雨などの災害による崩落のときも変わりません。

しかも、長さ六㎞に対して、受益面積は一〇haほどしかありません。一〇haといえば、平坦部なら一戸の大規模農家が耕作する面積です。「費用対効果」「経済合理性」なんて言葉が通用しない水路。米価の下落が止まらないなか、それでも農民たちはこの水路を守り続けてきたのです。初めて知った田んぼに水を供給する仕組み。本木上堰は、自分の想像をはるかに超えた歴史と苦労のもとに守られ続けてきました。それは、現在も生活のなかに生き続けている立派な文化遺産です。二五〇年に及ぶその歴史に末席ながら加われたことが、私にはとてもうれしく思えました。

4　本格的な農業のスタート

大忙しの五月

わずか七畝の田んぼとはいえ、昼間は農業試験場でのアルバイトがありますから、すべて手作業による稲作りはけっこう大変でした。

三月下旬の雪解けとともに、荒起こしからスタート。荒起こしは、前年に稲刈りしたままお

10 枚の田んぼに初めての田植え

いてあった稲株を三本鍬などで起こして、代かきしやすいように土を砕く作業です。一年しか休んでいない田んぼなので、さほど苦ではなかったものの、何しろ時間が限られています。

四月も中旬になれば、一部を苗代にして種播きをしなければなりません。初めて栽培したのは「初星」という品種で、種籾はご近所から分けていただきました。会津では当時もコシヒカリが主流でしたが、コシヒカリはやや晩生のため、平坦部で日照時間の長いところ向きです。早稲谷では当時、やや早生で冷害に強い初星が主流でした。「早稲」という地名が表すように、晩生のコシヒカリはあまり向かず、南向きの田んぼに限られます。

なお、稲の品種は短命が多く、病気や冷害に強い品種が開発されて奨励品種となっても、ブランド力がつかないと、あっという間に別の品種に入れ替わります。初星も数年で姿を消し、いまの早稲谷の主流は、ひとめぼれです。一九五六年に命名登録され、いまだに各地で多く作られているコシヒカリは、例外中の例外です。

春の淩いが終われば田んぼに水が入りますから、代かきが始まります。代かきを手作業でやったことはありませんでした。五月下旬の田植えまでに、どれくらいの時間が必要なのか。そもそも、初めて自分で作る苗が本当に五月下旬に植えごろとなるのか。とにかく、すべてについて、目安となる経験はまったくありません。

前年の夏に復活させた畑にも、いろんな野菜を植える予定です。野菜の苗も自分で作りたいと思い、雪の残る二月下旬から家の前の小さなビニールハウスで、霜里農場直伝の踏み込み温床による苗作りをしていました。早稲谷では五月中旬まで遅霜の心配があるので、霜に弱いナスやトマト、インゲンなどの定植は、それ以降になります。五月中旬から下旬は農作業が集中し、とにかく忙しいのです。

野菜に関しては、福島県の農業改良普及員である小川光さんが頼りになりました。ビニールハウス用の中古パイプを譲ってもらい、よい種を扱っている、つまりプロの農家が出入りする種苗屋さんも教えてもらったのは、とてもありがたかったです。また、彼の専門であるミニトマトの苗を譲り受け、栽培方法のアドバイスもいただきました。

役場からのうれしい提案

そんなドタバタが続いていたある日、山都町役場から連絡がありました。借りた田んぼに難癖をつけにきたのかと警戒しつつ話を聞いてみると、福島県で新たに開発した会津地鶏の奨励のために養鶏をやってみないかという提案です。

実は、移住して二カ月ほど経ったころ、地元の農協や農業改良普及員も加わって、役場で就農相談の打ち合わせをする機会がありました。どうやら、都会の人を山都町に呼び込む小川さんの活動がきっかけになったのか、役場で「山都町青年農業者育成確保計画」を作成した矢先に、私が移ってきたわけです。若者が農業をやりたいと言っているのだから、ちょっと話を聞いてみようというのでしょう。

またとないチャンスだと喜び勇んで臨み、自分がやりたい農業についてありったけ熱く語りました。頭に描いていた漠然とした夢ですが、金子さんの有機農業のスタイルを説明し、それを実践したいと伝えたのです。

「採卵用の鶏を飼い、有機栽培で稲作と畑には数十種類の野菜を作付けし、販売はすべて個人の消費者に直売したいと思っています」

さてこの営農計画（と呼べるかどうか……。単に憧れを語っただけですから）に、役場と農協、農業改良普及所（現在の農業改良普及センター）の出る幕、援助してくれる術が、はたしてあったでしょうか。山都町はアスパラガスやニラ、キュウリが特産です。そうした奨励作物を栽培したいということであれば、指導や援助ができると考えていたかもしれませんが、これでは取り付く島もありません。話し合いは一度開催されただけで、終わってしまいました。ただ、町の担当者が私が鶏を飼いたいと語ったことを覚えていて、今回声をかけてくれたのです。

これは、私にとってとてもうれしい提案でした。福島県の補助事業なので一羽につき五〇〇円程度の補助金がついたのですが、重要なのはその金額ではなく、県や町のバックアップによって鶏が飼えるということです。早稲谷で自己紹介したとき、鶏を飼いたいという話はしていませんでした。新規就農者が家畜を飼うのは、田んぼ以上にむずかしいだろうと予想していたからです。技術や資金、制度的な問題だけでなく、周辺の理解が必要になります。

霜里農場では、採卵用の鶏を飼っていました。四方を金網で囲っただけの簡素な小屋に放し飼いで飼育されている鶏たちは、のびのびとしてストレスもなく、糞尿などの悪臭もほとんどありません。この飼育方法を平飼い養鶏と呼びます。私がやりたいのもこの方法です。

鶏を飼うことで、人間が食べられない野菜くずや米糠などが、肉や卵、そして肥料の鶏糞に変わります。卵と肉は人の糧となり、鶏糞は田畑に還り、有機資源が効率的に圃場内で循環する。これは私が理想とする農場です。しかし、家畜の飼育は一般に、周辺に悪臭が及んだり、ハエなどの不快な虫が増えると思われがちです。その先入観がトラブルの原因になります。それが心配で、鶏を飼いたいとはおおっぴらに言っていませんでした。まして、早稲谷には家畜を飼っている農家はありません。

でも、新しい特産物の産地形成という地域振興のための福島県の補助事業に協力するとなれば、大義名分があります。ムラでも話がしやすくなるでしょう。

会津地鶏は、福島県の養鶏試験場が南会津にいた在来鶏をもとに品種改良したもので、卵肉兼用種です。ただし、主として肉用に改良されていたために、産卵率は他の種と比較すると劣り、卵も小ぶりとのこと。また、この補助事業では、導入したヒヨコは毎年一一月に行われる山都町の「新そば祭り」にご披露することが条件です。山都町の山間部は昔からそばの栽培が盛んで、そばによる町おこしを一九八三年ごろからしていました。米どころの会津でありながら、あえてそばで勝負する。この大胆な発想があたり、山都そばは全国に知れ渡っていきます。その一番のイベントである新そば祭りで、会津地鶏をご披露しようというわけです。

一方、私の養鶏の目的はあくまでも採卵。せっかくだから、会津地鶏だけでなく、この機に乗じて普通の採卵鶏も同時に飼育しようと考えました。もちろん、こちらに補助金はついてきません。

鶏舎の用地はタダで入手

何はともあれ、鶏舎(鶏小屋)の建設から。やや行き当たりばったりな感も否めませんが、とにかく新規就農者は何事もゼロからのスタートです。そこで、林業にも詳しい地区一番の篤農家・五十嵐藤彦さんに、相談に行きました。

「福島県からの提案で鶏を飼うことになったので、鶏小屋を建てたいと思っています。どこかよい場所と小屋の材料はないでしょうか」

雪国では、鶏舎の建設は慎重に吟味しなければなりません。まずは場所。世話の容易さを考えれば、自宅の敷地内が理想です。イタチやキツネなどの獣害を考えれば、なおさらです。ところが、私の家は敷地がそれほど広くなく、新たな小屋を建てる余地はありません。また、近隣とのトラブルを避けようとすれば、集落からやや離れているほうが無難でしょう。しかし、だからといって、ポツンと遠く離れたところに建てると、大変なことになります。なぜなら、雪が降る冬の間は近づけなくなってしまうからです。

藤彦さんからは、本木集落と早稲谷集落のちょうど中間点にあたる道路沿いの休耕田がよいのではないか、というアドバイスをいただきました。どちらの集落からも二㎞ほど離れ、周囲に人家はまったくありません。それでいて、早稲谷から山都町の中心部へ通じる唯一の幹線道路ですから、降雪のたびに必ず除雪車が通ります。つまり、冬でもアクセスに困ることはないはず。耕作されなくなって何年も経過した荒地だったので、地権者は「いいわい。浅見さんの好きに使ってくんつぇ」と二つ返事。しかも、タダで貸してくれました。

自己流で建てる

二種類の鶏を飼うとなると、鶏小屋も二部屋必要です。羽数はそれぞれ一〇〇羽。一般に平飼い養鶏では、一坪一〇羽程度の密度が適切とされています。そこで、四間(約七・二m)×四間の大きな小屋(約一六坪)を建てることにし、素人なりの簡単な設計図を書き上げました。

当初から、鶏小屋を建てるなら自力でと考えていました(霜里農場での研修で、建て方も少し体験していました)。当然、建てるには材料が、材料をそろえるには資金が必要です。図面を書いてみると、かなりの数の柱が必要なことがわかりました。しかし、資金は最小限というか、ほとんどありません。

しかも、鶏小屋の完成すべき日は、ヒヨコが送られてくる六月下旬と決まっています。一カ月しかありません。手っ取り早く建てるには掘っ立て小屋で、柱は間伐材の丸太で十分。周囲は山ですから、間伐材ならいくらでも手に入るはずです。藤彦さんに相談すると、案の定「伐採して倒しっ放しの間伐材はたくさんあるから、自由に使ってよい」とのこと。ただし、林道からかなり山を下ったところにあり、運び出すのは大変だそうです。そうは言っても、とにかく時間がありません。直ちに建築に着手しました。

最初に、柱を予定地まで運ばなければなりません。間伐材のある現場に行ってみると、予想以上の急斜面です。道路脇にも間伐材はありましたが、約一mに寸断されていて(これを「玉切り」と呼びます)、柱としては使えません。柱になりそうな長い間伐材は、言われていたとおり、林道からずっと下にしかありませんでした。

ところで、なぜ、道路近くの間伐材だけが玉切りになっていたのでしょうか。その理由は、林業振興のための助成の仕組みにあります。日本の林業が厳しい状況におかれているのは、広く知られていることです。輸入材に押されて国産材の値段が低迷し、農業以上に高齢化と後継者不足が進んでいるために、植林された杉林の手入れは十分に行われていません。間伐も進まず、植林地が荒れ、材質が下がるという悪循環です。これを止めるべく、間伐作業に補助金が出されています。

自作の鶏小屋

でも、せっかく切り倒しても間伐材の売り先はない。倒しっ放しでは今後の作業に支障をきたすので、玉切りを指導されていたのです。ただし、実際に玉切りしたのは補助金申請時に証拠写真を撮る関係上、目につく範囲のみ。だから、柱として使える間伐材は道路から遠く離れたところにあったのです。

梅雨時の蒸し風呂のような空気のなか、手に入れたばかりのチェーンソーで小枝を落とし、約四mの長さに切りそろえた丸太を林道まで運び出します。ちなみに、チェーンソーは母の実家が東京・木場で材木問屋向け工作機械の販売をしていたので、安く手に入るかもしれないと注文したところ、餞別という名目でいただきました。後で調べてみると、五万円以上もする高級品でした。

丸太を一本ずつ肩に担ぎ、急斜面の往復をひたすら繰り返す。いきなり大きな鶏小屋を計画したので、その数は五〇本以上。それを軽トラに載せ、建設予定地まで数回運ぶと、今度は表皮の皮むきです。ナタで切れ目を入れ、手で地道に皮を剥いでいきます。

また、予定地はかなりの荒地だったので、整地にも時間がとられました。自分ができる精一杯の精度の測量後に、柱の場所を決めて穴掘り。この工程が小屋の建築では一番重要です。正確に角を九〇度に取らないと、上モノの形がいびつになってしまいます。何事も基礎が大切ということです。そのために、久しぶりに中学の数学で習った直角三角形の公式を使いました。

そして、柱立て。自力での小屋作りは初めてだったので要領を得ず、作業よりも、手を止めて思案する時間のほうが長いときもあるほど。とくに、雪国で山間地という場所柄、豪雪や獣に対する備えをしっかりとしなければなりません。どこをどう補強すればよいのか。降雪時を考慮して、小屋の入り口はどこに設置すべきか。この柱の間隔で、雪の重みを耐えられるのか。どれくらい傾斜をつければ、雪は自然と落ちるのか。どんな金網で獣の侵入を防げるのか。獣はどこまで壁をよじ登ってくるのか。

霜里農場で鶏小屋を建てたときは、獣害はキツネを想定していました。当然、金網の目や隙間の大きさがイタチとは違います。しかも、冬に二m近くに達する積雪を考えれば、屋根と壁の隙間もしっかりと塞いでおかなければならないはずです。そんな思案と試行錯誤の末、なんとかヒヨコの来る予定日までに小屋は完成。無事受け入れとなりました。

思わぬ副産物

鶏小屋を建てていると、想定外のことが起きました。早稲谷に通じる唯一の幹線道路脇で作業していたのですから、ムラの人は通勤や用足しの折に必ず前を通ります。そして、わざわざ立ち止まって声をかけてくれるのです。たいていは冷やかし半分ですが、真面目なアドバイスもいただきました。

「ここでは家から離れていて、世話が大変だべ」

「こった小屋では雪に潰されんぞ」

「キツネやイタチは穴を掘って侵入すっから、やられないように気いつけんだぞ」

「杉貫《すぎぬき》（屋根の下地に使う平板）や垂木《たるき》（屋根の下地に使う角材）は短く切らないで使ったほうが、建て直すときにも使えっからいいぞ」

ときには、チェーンソーの刃の研ぎ方を教えてくれたり、缶ジュースやコップ酒の差し入れなんてことも。遅々としながらも少しずつ鶏小屋が完成しているのを見ながら、ムラの人は私の本気度を探っていたにちがいありません。

こちらも、ちょっとしたパフォーマンスを披露するつもりになっていました。みんなに見てもらうには絶好の場所であり、このおかげでより多くの方々とコミュニケーションを取れるようになったのです。

5 売り先はどこだ

感動的だった最初の卵

ヒヨコは孵化した次の日に届きました。いわゆる初生雛です。生まれたばかりの初生雛はひ弱なので、飼育に手間がかかり、慎重さが求められます。一方で、生まれて初めて食べさせるエサから飼育者が管理でき、よりこだわった飼育が可能というメリットがあります。もっとも、それはベテラン農家の話。初心者の私は、届いた初日から数日間は何が起こるか予想もできず、とにかく心配だったので、鶏小屋の中にテントを張って一緒に夜を過ごしました。

六月といえども、会津では冷え込む朝もあります。寒いとヒヨコたちは体を寄せ合って暖をとりますが、度が過ぎると押しくらまんじゅう状態となり、圧死してしまいます。そもそも、どんな管理をすべきなのか、よくわかっていません。ムラの人が忠告してくれたイタチがいつごろ活動し、どれくらいの隙間から入ってくるかさえ知らなかったのです。

また、福島県の補助事業ですから、ヒヨコの導入から新そば祭での鶏肉ご披露までの間に、いろいろな予定が決まっていました。たとえば、生育具合を調べるための養鶏試験場職員による立ち入り調査、町民向けの鶏の解体講習会などです。さらに、山都町農林課では、会津地鶏の卵用パックまで、まだ卵を産まないうちから一〇〇〇パック分も(!)作ってくれました。各方面から支援をいただいている以上、間違っても全滅なんてことは許されません。

私には珍しく、過剰なほどの心配や世話の甲斐があったのでしょうか。特筆するほどのトラブルもなく、ヒヨコたちは通常のペースよりスピードこそ遅かったものの、それなりに大きく育ちました。そして、雄鶏たちは無事肉となって、一一月の新そば祭にご披露されていきました。残った雌鶏たち(採卵鶏)が卵を産み始めたのは一二月からです。

市販の配合飼料は一切使わず、山都町周辺で手に入るものを優先的に使用して、育てました。コイン精米機から集めた米糠、アルバイト先の農業試験場で出たくず米や野菜の残渣、山都町に唯一あった豆腐屋さんのおから、そばの製粉時に出るくず……。購入したのは、動物性タンパク質としての魚粉とカルシウム分としてのカキ殻のみでした。完璧なエサをめざすより、あるものを代用したがゆえに、生育スピードが遅かったのでしょう。

何もないところから始めたという点では、前年夏に経験した開墾と大根の収穫と変わりはありません。ただし、生き物だけに、あらためて強烈な感動が残りました。すべて自分自身が初めから作り出して管理し、収穫物をようやく得たという充実感です。

サラリーマン時代の初任給のときとはまったく違う感覚。いろいろな方の協力があったとはいえ、一番頼りにしたのは自分自身です。海外で見た収奪や環境破壊は一切ありません。この純粋な充実感、生命との対話こそ、私が仕事に求めていたことだったのかもしれません。

この初卵を人生の記念・自分史の殿堂入りとしてガラスケースにでも飾って永久保存しておきたいところですが、生ものなので、そういうわけにもいきません。大好物の卵かけご飯として、ありがたくいただきました。しかも、このときのお米は新米百姓が作った人生初の自家製新米ですから、その感動はひとしおでした。

販売に苦戦しつつ、思いを伝える

そんな初卵の感動に浸っている間もなく、彼女たちはありがたいことに順調に卵を産んでいきます。日に日に増えていく卵の数。大好きな卵かけご飯も、早々に限界となりました。日ごろお世話になった人へのお礼としても重宝しましたが、本来の目的は農業による自立ですから、卵を販売しなければなりません。

一般に売られている卵は物価の優等生といわれ、スーパーでも常に特売の目玉にされるほど、価格は安値で安定しています。しかし、こだわりをもって育てた平飼い養鶏の卵ですから、スーパーの特売のようにはできません。何より、そのこだわりをきちんと説明し、納得してもらったうえで食べてほしい。

そこで、一〇個入りパックを定期的に買ってくれる人を探すべく、産みたて卵を軽トラに積んで、喜多方市内や会津若松市内の住宅地をまわり、飛び込みで訪問販売を始めてみました。値段は一パック四〇〇円。スーパーでは二〇〇円前後ですから、かなりの高級品です。もっとも、コスト計算と産卵率を精査したうえでの価格ではありません。霜里農場で四〇〇円で売っていたというのが、価格設定の根拠でした。

まったく知り合いのいない地域です。意を決してたくさんの家をランダムに訪ねてみたものの、門前払いを受けることもしばしば。ゆっくり話せたとしても、定期的に配達するという関係までは築けません。その間に卵はどんどんたまっていきます。

同じ悩みは、野菜でも直面していました。「農業をしています」と言うと、必ず「何を作っているのですか」と質問されます。これは、特定の作物を大量に作り、農協を通じて販売することを前提として尋ねているわけです。でも、私は少量多品目の野菜を作付けし、まして有機栽培ですから、売り先として農協を頼ることはできません。直接、消費者の人に買ってもらうこととなります。というより、そのつもりで野菜を作っていました。

しかし、会津の主たる産業は農業です。しかも、千葉県よりも広い面積に三〇万人しか住んでいません(千葉県の現在の人口は六二〇万人)。首都圏のように、農業に一切縁のない住民はほとんどおらず、農業に関係のない仕事をしていたとしても、家庭菜園程度の畑をやっていたり、あるいは実家や親戚、知人が農家だったりします。新鮮な野菜がいつも近くにあり、わざわざ買わなくても知人や隣近所からお裾分けしてもらうことが当たり前の世界なのです。

まして、有機栽培の価値を認めて、地元スーパーや直売所の野菜よりも高い値段で買う人は実に少ないことを実感しました。つまり、有機農産物の需要は会津には少ない。金子さんのように提携にこだわって、近隣の消費者とつながりたいと思っていたのですが、理解ある消費者と出会うのは簡単ではありません。

となると、必然的に野菜の販売先は首都圏になります。野菜や卵を数種類詰め合わせて、学生時代からの友人などに送ることから始めました。通称ボックス野菜セット。都会の消費優先の世界から離れたくて農業を始めたものの、いざ販売となると頼りになるのは都市にいる人たちでした。それでも、卵を自給している地元農家は少なく、スーパーで売られている卵との違いもアピールしやすいので、少しずつですが卵の販売先は増えていきます。

もっとも、提携が田舎で困難なことはある程度予想していました。食べる人や友人たちにいろいろな形で自分の考えや理想を伝えたいというのが、私の気持ちです。

「伝える。意識を共有する。一緒に行動する」

霜里農場で教わった、有機農業の大切な要素です。単に安全性にこだわって無農薬の野菜を作るだけであれば、こんな山奥に来る必要はありません。そこで、不定期ながら通信を発行することにしました。通信名は悩んだ末、「野菜通信」でも「田畑通信」でもなく、「新田舎人の独り言」としました。自らが選んだライフスタイル、早稲谷での農的暮らしの理由を何よりも伝えたかったので、この名前にしたのです。すでにパソコン全盛の時代でしたが、自分の新たな生活と同様の手作り感を表現したくて、あえて手書きにしました。

待望の米は上出来

一方、すべて手作業の稲作は意外なほど順調に推移します。都会からの転進がもの珍しかったのか、友人がたくさん遊びに来て、田植えや夏の草取り、稲刈りは人海戦術で、あっという間に終了。懸案の水管理も大きなトラブルはありませんでした。ビギナーズラックなのか作柄も上々。家の前のわずかなスペースに組んだ稲架《はざ》は、近所のものを参考にハシゴ状に六段に積み上げたところ、上段まで稲で一杯で壁のようになり、ご近所からおほめの言葉をいただけるほどの出来となったのです。

ただし、ここからが大変でした。日本海側の気候に属する会津は、一〇月の稲刈りのころから晩秋にかけて、晴天が続きません。秋と冬の半年間は、太陽が顔を出す時間が極端に短くなります。「女心と秋の空」ということわざどおり、秋の空は本当に変わりやすく、時雨模様が続きます。関東地方のように、天日だけではなかなか稲が乾きません。

稲架掛けから二週間ほど過ぎて、ようやく運よく三日ほど晴天が続いた翌日に、知り合いから譲ってもらった昔ながらの足踏み脱穀機で脱穀しました。翌日が雨という予報なら、暗くなっても外灯を頼りに、その日のうちに終わらせなければなりません。会津では、この時期の晴天はそれほど貴重なのです。そして、唐箕《とうみ》による選別。さすがに、最後の籾摺りは機械でなければできないので知り合いにお願いし、一〇月末に待望のMYお米が完成しました。

収穫量は七畝の田んぼから約二〇〇kg。一反あたりの収量に換算すると五俵(三〇〇kg)程度。一般農家からすれば少ないでしょうが、初心者にしてみれば上々の出来といえるでしょう。

さて、四人家族分のお米が手に入ったものの、食い扶持はもちろん男一人。こちらも余剰米の営業をかけることとしました。地元での販売は当初からあきらめ、東京に住む友人たちへ。値段は卵と同じく霜里農場を参考にして、玄米一〇kgで六〇〇〇円。ボックス野菜より、お米のほうが好評でした。考えてみれば、友達が作ったお米が食べられるなんて、田舎につながりのない人には珍しかったのでしょう。同じお米なら、顔見知りが育てたもののほうが美味しく感じる。そこに苦労話をやや脚色した能書きと「新田舎人の独り言」を添える。これはたしかに美味しいお米になるはずです。

こうして、卵は地元、野菜・米は都会の知り合いへと、消費者への直売は少しずつ広がっていきました。

ちなみに、この一九九七年の農業収入は一〇万円にも達していません。野菜はお金になるほど採れず、お米もチェーンソーのお礼に親せきに分けたりしたので、販売できたのはせいぜい一〇〇kgです。農外収入は、夏が農業試験場、冬は大和川酒造店。農業収入よりも給与所得のほうが大幅に多い、第二種兼業農家でした。というより、自給的農家でしょうか。

当時は近くに友人もおらず、外食することはほとんどありませんでした。風呂は基本的に川の水浴びですまします。さすがに冬はそういうわけにはいかず、近くの温泉に通っていましたが、それでも一回たったの三〇〇円です。ガス代や電気代も微々たるもの。貯金を切り崩すこともなく、ひっそりと静かな毎日を送っていました。

6　家族が増える、田畑を増やす

霜里農場の研修生と結婚

移住三年目、人生二回目の稲作は、前年と同じ七畝一〇枚の田んぼで行い、畑もほぼ現状維持。農業試験場のアルバイトも続けていました。プロの農家になったというにはほど遠く、農業での自立という点ではまだまだです。

それでも、着実に食の自給度は上がっていき、早稲谷や会津のことも少しずつわかってきました。地元の消防団や青年会(といっても若手が増えないため、会員平均年齢は青年とはとても言えないのですが)にも入り、盆踊りや収穫祭のような祭事に参加したり、さまざまな世代とのコミュニケーションも取れるようになっていきます。とはいえ、大きなゴールに向かって前進し続けるというより、気ままな田舎暮らしを楽しんでいるといった状態でした。

そんな折、個人的に大きな節目を迎えることになります。それは結婚です。会津に来た当時は誰もが怪しむ独り身で、結婚の予定もまったくありませんでした。その後、霜里農場の研修生同士の交流で出会った女性と有機農業による自立という同じ目標に意気投合し、結婚することとなったのです。移住して三年目、一九九八年の秋のことです。

彼女の実家は八ヶ岳の麓にある野辺山高原（長野県）で、レタスや白菜などの野菜を栽培する専業農家でした。彼女の当初の目標は、実家の空いている農地での有機農業で、そのために霜里農場で勉強を始めたのです。でも、どこで歯車が狂ったのか、その実践の場が会津の山奥に変わってしまいました。

会津では、独り身か、養う家族がいるかで、周囲の見る目は格段に違ってきます。独身の男性を「ヒトデナシ」と表現するくらいなのです。なぜ、ヒトデナシなのか。どうやら人という二画の字がもとのようで、所帯をもたない男は「ノ」にしかなりません。だから、人ではなく、奥さんをもって初めて、もう一本が加わって「人」となるというらしいのです。ということで、私もヒトデナシから晴れて人になることができたわけです。

とはいえ、「人になります」と宣言するために派手な式を挙げて、みなさんにご披露するわけでもなく、彼女を連れてごく簡単な挨拶まわりをすることで、ご近所への報告は終わりました。地元の青年が結婚するとなると、こうはいきません。農村の結婚式は、ムラという社会に嫁という新メンバーを迎え入れる場です。披露宴には親戚のみならず、同じ組、行政区の代表者も呼ばれる大掛かりなものになります。

ムラで三本の指に入る規模に

不思議なことに、これを境に田んぼを貸してもよいという話が近隣から続々くるようになりました。最初の田んぼを借りるときの苦労が、まるで嘘のようです。さらに、使わなくなった農機具を譲ってもよいという話も出てきました。

一人が二人になれば、農作業の効率が二倍になります。経験上は、それ以上にアップするものです。こちらとしても、結婚を機に農業試験場のアルバイトを辞めて規模を拡大しようと思っていたので、まさに渡りに船。一気に田んぼも畑も三反に増やしました。古いものですが、二条植えの田植機や稲刈りに使うバインダーも無料で譲っていただき、さらになけなしの貯金をはたいて八〇万円で中古トラクターを購入。一丁前の農家らしくなりました。

せっかくの新たな船出なので、ついでに、というか心機一転して、農園の名前もつけることに。個人名や地名が絡まず、できれば覚えやすく、かつ自分たちのペースに合った、ゆるい感じの名前です。いくつかの候補があがり、最終的には「ひぐらし農園」となりました。蝉のヒグラシの声が大好きというのが表向きの理由ですが、語感がその日暮らしを連想させ、肩肘張っていないことが自分たちにピッタリかもというのが、決め手でした。同時に、不定期で発行していた通信名も「ひぐらし農園のその日暮らし通信」と改めたのです。

もっとも、無計画にというか、頼まれるままに、空いたそばから農地を借りていったという感は否めません。田畑はかなり分散した配置となりました。ただし、「堰を三本持つと貧乏する」と忠告されていたので、本木上堰とダングリ上堰の二本の水路にかかわる田んぼのみ借りるという自主規制ラインを一応定めました。ダングリ上堰は早稲谷川をはさんで本木上堰の対岸に伸びる水路で、やや小規模ながらも、山中を流れる管理の大変な水路です。それでも、南斜面を流れているため、田んぼは全般に日当たりがよくなります。

それにしても、なぜ水路を三本以上かかえてはいけないのか。それは、無節操に規模拡大を図っても、かえって管理が大変になるだけという戒めでした。実際、自分の田んぼの水を見て回ろうとすると一〇km近く車で走らなければならなくなり、大雨のたびに二本の水路を見回って修復していくのは大変です。早稲谷のような山間地での稲作は、田んぼの作業そのものよりも、水を得るための作業に負担がかかるのでした。

その後も少しずつ離農した方から農地をお借りしていきます。気がつけば、移住五年目には早稲谷で耕作面積が三本の指に入る規模となっていました。農作業中に行き会った方に、草だらけの田畑を見られ、ばつの悪い顔をしていると、「いや〜、浅見さんは大百姓《たいびゃくしょう》だから」なんて、冗談のように言われるくらいになったのです。とはいえ、規模は田んぼで一町歩(一ha)程度、畑は五反ほど。日本の農家の平均耕作面積には達しません。

しかし、田んぼの枚数は三〇枚を超え、一区画は平均わずか三畝強、一番遠い畑は片道一〇km も離れています。世間の常識では小農ですが、耕作してみると、この規模は私の技術を考えると限界でした。それを決定づけたのは草との戦いです。

稲作の場合、田植えから一カ月以上に及ぶ草取りをいかにこなすかで収穫量がほぼ決まります。この間にどれだけ草を抑えられるか。これが耕作面積の限界点を決めます。大げさに言えば、田んぼ一haという面積は、自分のもてるすべての能力――体力だけではなく、知力、観察力、ときには気力や忍耐力も――を発揮して真剣に取り組まなければ、使いこなすことができない広さであることに気づきました。

試行錯誤の日々

就農五年目以降は田畑を増やすことを見合わせ、規模拡大よりも反あたりの収穫量を上げることに重点を移していきます。これを達成しないかぎり、ムラの人から信用を得られません。しかも、多くの方になじみのない有機農業ですから、恐ろしいことに、近隣の人は私がやることがイコール有機農業だと思い込む危険性があります。うまく作物が採れなかったとき、それが私個人の評価にとどまるならまだしも、「だから有機ではダメなんだ」などと有機農業そのものを否定されてしまうわけにはいきません。初心者でも未熟者でも、有機農業界の代表者のような責任感をもって取り組まなければ、ここまで地道に努力を積み上げてきた諸先輩方に申し訳ない。好き勝手にやっていればよいわけではありません。

そして、このころになると、こんな質問をぶつけられる機会が多くなってきました。

「お前はずっと会津に住むつもりなのか」

本気でムラの一員としてやっていく覚悟がどれくらいあるのかを質すような問いです。いまでもときどき尋ねられることがあります。けれども、これは私にとって非常に答えにくい質問です。少しでも長くムラとかかわりたいし、理想は終生会津に住み続けたい。でも、そのためには多くの外的要件をクリアしていかなければなりません。たとえば、好き勝手やっているとはいえ一応長男なので、高齢になった両親のことも考えなければいけません。それに、会津に住み続けるためには農業による自立が条件です。

一方で私は、専業農家にこだわる必要はないと考えていました。一年のうち三分の一も雪に閉ざされる地域。短い日照時間など厳しい条件。農村で生きていくために、農業だけが手段ではありません。周囲の多くがすでにそうであるように、他に収入の道をもつ兼業農家でもよいでしょう。一年三六五日、一日二四時間すべてを農に捧げるのも素敵ですが、地域の風土と実情にあった農的暮らしもよいと考えていました。

ところが、だんだんに、農作業に勤しみ、農的暮らしを楽しむだけではどうにもならない事態が起きていることがわかってきたのです。それは、農業による自立に最低限必要だと思っていた、作ることでも、育てることでも、あるいは売ることでもありません。「守る」こと、「続ける」ことです。

第5章

水路を守ろう

大雨で決壊した堰の土手を直す不時人足

1 ボランティア受け入れ構想

水路をめぐる深刻な問題

本木上堰との出会いを喜んだのも束の間、二五〇年もの長きにわたって続いてきたこの水路に、深刻な問題が起きつつあることに気がつきました。一緒に堰浚いの作業をした人たちが、年を追うごとに、一人また一人と高齢などを理由に抜けていくのです。残った顔ぶれも、七〇歳近い方がほとんどで、稲作を続けられるのはそう長くないでしょう。後継者も期待できそうにありません。数年もすると半減し、水路の維持管理に大きな支障をきたすでしょう。

実際に作業をしてわかったのですが、本木上堰のように長大で維持管理に労力を必要とする堰の場合、やる気のある人や私のような体力自慢の若者が数名いるだけでは、目が行き届きません。耕作者がある程度の数を下回れば、水路の機能は停止し、放棄される結果になります。水の供給が絶たれれば、山間部に広がる棚田は耕作できません。国が推進する大規模化や農地の集約は、まったく不可能です。優秀だろうが、やる気があろうが、数人の農家だけでは美しい山間地の田園風景は守れません。

そこそこ元気な高齢者が稲作を止めたり耕作面積を縮小して、水利組合から抜ける理由の一つに、田んぼの作業は大丈夫でも、水路の共同作業がきついという事情がありました。水利組合の構成員が減れば、残った組合員の負担がさらに増える。それに耐えかねて、また抜ける。とにかく、この悪循環を断ち切らないといけません。そこで思いついたのが、もっとも重労働である春の堰浚いにボランティアを呼んでみたらどうかということでした。それは、都市住民に山間地の農業の現状や苦労を知ってもらうよい機会かもしれません。

　有機農業には「提携」という考え方があります。農業が近代化・専業化していく過程で、生産者と消費者との距離は離れていきました。これに対して、両者の距離を縮めるために、農家が安全な農産物を直接提供して消費者の食卓を支え、消費者はその農産物を食べることで農家を支える仕組みが提携です。「顔の見える関係」や「産直」より、精神的にも経済的にも結びつきが強いといえます。そこでは、消費者に農や食をより身近に感じてもらうために、あるいは有機栽培ゆえに必要な作業を手助けし、両者の交流をより深めるために、「援農」も行われてきました。

　しかし、ボランティアに堰浚いを手伝ってもらう場合は、援農とは状況が違います。村の共同作業に見ず知らずの人が加わるということは、村の長い歴史のなかで、おそらくないでしょう。仮に、ふだんは顔を見ない人が参加していたとしても、それは誰かの代理であり、親戚など村と何らかのかかわりのある人です。しかも、堰浚いは普通の人足よりはるかに時間が長く、体力的にもきついので、デスクワークばかりの都会人が物見遊山的な気持ちで来て、作業が務まるかどうか未知数です。

そこで、不特定多数の人たちを広く募るのではなく、まずは気心の知れた友人数名に声をかけてみようと考えました。つまり、私の目の届く精鋭部隊(安全パイ?)を投入しようというわけです。もちろん、体力・技術面では精鋭とは言えないかもしれませんが……。

総会で意見続出

このアイデアを実行するうえでは、進め方が重要です。まず、ムラに迷惑をかけるような事態が起きたとき最初に矢面に立たされる人、つまり大家さんに相談してみました。彼も本木上堰のメンバーで、その行く末に不安をもっていたようです。「農村と都市との交流」というような大風呂敷を広げるのではなく、少人数の友人を呼んで無償ボランティアとして手伝ってもらいたいと説明したところ、よい反応を得ました。これに気をよくして、次に鶏小屋建設のときにもご協力いただいた五十嵐藤彦さんに相談しました。本木上堰の早稲谷地区の責任者です。藤彦さんも、前向きな反応を示してくださいました。

ここからは、ムラでの公な検討段階になります。毎年四月下旬に本木地区で開かれる水利組合の総会で、諮ってもらうことになりました。早稲谷と本木の二つの集落にまたがる本木上堰の経理や庶務などの管理は、本木側が中心となって行われています。権利も負担も平等・公平を第一とするムラでは珍しいことですが、これには歴史的な背景があるようです。

名前が示すとおり、本木上堰の受益田の多くが本木地区側にあります。早稲谷側の田んぼはこの水路に頼らなくても、山が深いために天水(沢水)で間に合うことが多く、かつては組合に加入していた人が少なかったそうです。ところが、日照りなど天水が足りないと盗み水などが横行したために、一九七五年ごろに行われた基盤整備事業を機に、加入したといいます。また、以前は、本木までの四㎞という道のりを歩いて早稲谷から総会に参加するのが大きな負担だったという理由もあったようです。いまは車でほんの五分で行けますが、なぜかこの習慣は変わっていません。

水利組合長は堰守《せきもり》と呼ばれ、強いリーダーシップと責任感、豊富な経験を求められる重要なポストです。伝統的に本木の住民が就いていました。会計担当も同様です。早稲谷からは、代表者二名が世話人として役員になります。藤彦さんはその一人でした。総会にもかかわらず、出席者は本木の組合員に限られ、早稲谷からは世話人のみが参加します。

総会では、藤彦さんから提案してもらいました。前例のないことですから、すんなり賛同を得られるとは思っていませんでしたが、参加者からは私の想像以上にさまざまな意見が出たそうです。誰がボランティアの面倒をみるのか。万一ケガをしたら誰が責任を取るのか。昼食はどうするのか。スコップなどの農具は誰が用意するのか。そもそも、何のかかわりもない人たちに頼るのはみっともなくないか。

もっとも驚いたのは、堰浚いを手伝ってもらって無償でよいのか、日当を支払うべきではないかという意見でした。思えば、会津の人は相手に借りをつくらないという習性が徹底しています。ご近所から野菜などのお裾分けがあれば、「この間はご馳走様でした」と、会ったときに欠かさずお礼の挨拶を交わします。円滑なコミュニケーションを取るための、いわば社会の常識かもしれませんが、私の印象ではやや過剰なほどです。

そして、たいてい、わずかでも何かしらお返しをします（私の場合、かえって多くのお返しをいただき、恐縮することがしばしばです）。これは、農作業の労力を各家の間で貸し借りする「結《ゆい》」も同じ考え方です。ある家から一日二名のお手伝いをいただいたら、こちらも二人分の労働をお返ししなければなりません。それができなければ、日当を払います。

田舎においては、ボランティアという利益の一方通行的な考え方はないのかもしれません。それは、すべての行動は何かしら自身の利益につながっているからでしょう。たとえば、道普請などの共同作業は一見無償ボランティアのように見えます。しかし、生活するうえで道路を守ることは絶対必要であり、自らの利益にもつながるのです。だから、無償で堰浚いを手伝ってもらうということがムラのしきたりに合わず、なんとも居心地が悪く思えたのでしょう。

このように決してすんなりとアイデアが受け入れられたわけではなかったのですが、ちょうど、この二〇〇〇年は堰守が一〇年ぶりに新しく交代した年で、新堰守である遠藤義一さんの後押しがありました。義一さんはとても気さくな方で、地元を流れる阿賀川漁協の組合長も務めていた関係で、渓流釣り客など外から人が来ることに対してさほど拒絶反応がなかったのかもしれません。

結局、ボランティアについての面倒や負担を水利組合には一切かけず、私が責任をもち、あくまでもお試しで様子を見ようということで、総会は何とかまとまったのです。会津に移住して五年目、本木上堰水利組合にかかわって四年目でした。

2 受け入れ体制の整備

一年目は大好評

二〇〇〇年の堰浚いは五月三日でした。兼業農家が多いので、ムラの共同作業は日曜日や祝日に行われます。まして五月は農繁期。世間が浮かれているゴールデンウィークなんて、農村ではただの農作業強化期間でしかありません。

一方、都会の住民は違います。この絶好の行楽日和に、無償の労働のために、はるばる山都まで来るだろうか。せっかく地元に期待させておいて、ふたを開けてみたら参加者ゼロなんて、シャレにもなりません。しかも、誰でもよいというわけにもいかないのです。

受け入れが認められてから、直ちに友人たちに声をかけました。山村や農業に興味があり、趣旨に賛同する人。もちろん、体力だって必要です。人選に難儀するかと思いました。ところが、こんな心配はまったく無用。七名ものツワモノ(物好きとも言うかも)を確保できました。

友人たちも参加した堰浚い

といっても、遠方から来たのは三名。残りは山都に移住してきたばかりのＩターン者です。共同作業を体験すると同時に、地元の人と打ち解けるよい機会と思い、声をかけました。

　本木上堰の共同作業は、必ず本木と早稲谷の二班に分かれます。今回は人数が少ないし、ボランティアと地元の人とのコミュニケーションがどんな様子になるのか直接見ておきたいと思い、七名すべてを早稲谷班に派遣しました。実はこのとき、早稲谷側の受益戸数は、私が加わった三年前の一八戸から一二戸へ減少していました。この七名が加われば、ほぼ当時の水準に戻るわけです。

　ボランティアだからといって、作業での特別扱いはありません。スコップやフォークを持って丸一日、腰をかがめての浚い作業です。幸い脱落者は出ず、作業中の行き違いも見られず、むしろ会話が弾みました。芽吹いたばかりの美しい新緑や花。そこここに顔を出し始めた山菜。浚うたびに出てくるサンショウウオやアカハライモリ、ヤゴ、カエルたち。澄み切った空気と水。そして、地元の人たちとの会話。豊かな自然と生の会津弁にふれる絶好の機会です。都会人にしてみれば、非日常のこんなに面白い場所はありません。

地元の人も、物好きな都会人たちを快く受け入れてくれました。作業後の恒例の慰労会にも参加し、作業では一緒にならなかった本木班の方々との顔合わせも、お酒が入って盛り上がりました。

こうして大好評で終了し、次年度以降も継続が決まります。ただし、水利組合として受け入れるとなると、仕組みづくりをしなければなりません。この手の仕事は私のあまり得意としないところなのですが、心強いパートナーがいました。それは、本木集落に私とほぼ同じ時期に埼玉から移住していた大友治さんです。

やはり小川光さんの紹介で単身移住し、キュウリと米を慣行農法で栽培していました。学生運動に没頭した時期もあったそうで、柔らかい物腰ながらも何事にも筋が通っていて、合理的な理由のもとにきっちりと仕事をこなす方です。年齢は私よりも二まわりほど上で、移住当初からよきアドバイザーとして何かと頼りにしていました。地元の人望も厚く、移住後早々に水利組合の会計を担当していたのです。ボランティア受け入れについては事前に相談し、賛同を得ていました。最終的に地元への説得や仕組みづくりの段取りは大友さん、ボランティア集めともてなしは私という役割分担になりました。

グリーンツーリズムと一線を画す

まず念頭においたのは、受け入れのコンセプトです。日当は支払わないとはいえ、宿泊場所や食事の提供など、受け入れには多少なりとも費用が発生します。それらは水利組合の会計に組み入れられるから、最終的に受益者が負担するわけです。また、堰浚いは転落やケガの可能性が付きまとう厳しい作業ですし、お祭りやイベントではなく村の共同作業なのですから、ボランティア側にも高い意識が求められます。誰が来てもよいというわけにはいきません。そこで、こう考えました。

「ボランティアは、お客様ではない。一緒に農山村と農業の問題を共有し、支え合う仲間である」

このころ、グリーンツーリズムという言葉が注目されだしていました。全国の農山村をかかえる自治体が、まるで堰を切ったかのようにパンフレットを作り、呼び込みを始めたのです。といっても、中身は田植えや稲刈り、野菜や果樹の収穫といったありきたりの農業体験で、地域の特色はたいして表れていません。総合保養地域整備法(通称リゾート法)で乱立したゴルフ場やスキー場が、田んぼや畑、牧場に姿を変えただけという雰囲気も漂っています。

同様な内容やサービスであれば、やがては地域間競争、そして淘汰が生まれるでしょう。そこでの基準は、価格や都市からの利便性など、市場原理のモノサシにちがいありません。そんな金太郎飴的なグリーンツーリズムとは一線を画すことにしました。堰浚いボランティアを社会的意識の高い取り組みにしようと意気込んだのです。

そして、堰浚いの実施日を毎年五月四日に固定しました。三連休の中日にして、遠方から参加しやすくするためです。これは一見簡単なように見えて、ちょっとした根回しが必要でした。早稲谷も本木も、本木上堰以外にいくつかの水路が存在し、これらの水路を掛け持ちする耕作者も少なくありません。そこで作業日が重ならないために、各水利組合の責任者間で日程を調整します。本木上堰だけ先に日程を決めるということは、前例がなかったからです。

宿泊については、当初は私の友人が主だったため、全員が我が家に泊まりました。しかし、徐々に参加者が増え、長女も誕生したため、個人では対応しきれなくなりました。二〇〇三年は組合員宅へ分宿しましたが、それにも限界があります。そこで、本木・早稲谷両地区の集会所の宿泊所としての使用を交渉し、認めてもらいました。受け入れを始めて四年目の二〇〇四年からです。地区集会所の地元住民以外への開放も、前例がなく、ムラの総会に諮らなければなりません。こうしたときも、本木側の説得には大友さんが頼りになります。食事はボランティアの自炊とし、食材はこちらで用意することにしました。

また、せっかく仲間として作業を無償で手伝ってくれるのだから、お礼の気持ちをこめて本木上堰を使う田んぼで穫れたお米を食べてもらうことにしました。二年目からは、収穫した新米を秋にプレゼントしています。組合員たちが少しずつ玄米を供出し、品種に関係なくブレンドして、均等割りにして送るのです。量はおおむね一〇kg程度。この米を「上堰米」と名づけました。

なぜ、品種にかかわらず混ぜ合わせたのでしょうか。それは、コシヒカリとかひとめぼれという品種ではなく、上堰の水を使って穫れたことが重要であり、魚沼米（新潟県）のように産地自体をブランドにするのだという気持ちがあったからです。

通信の発行や自然探勝会の開催と地元の変化

二〇〇二年からは、堰浚い後の水路や田んぼの様子、気候などを年間とおして詳しく伝え、地名にまつわるエピソードも紹介する目的で、「上堰通信」を年数回発行し、参加者に郵送しています。

そして、遠方から多くの人が来るのだから、作業や作業後の慰労会だけでなくより深い交流をしたいという希望から、作業日である四日の夜に集会所に参集し、交流会を行うようになりました。現在では、堰とのかかわりに限定せずに参加者を募り、ボランティアと地域を結ぶイベント「里山交流会」へ発展しています。会場は、一地区の過度な負担にならないようにという理由から、一年おきに本木と早稲谷にしました。

また、高低差の少ない水路沿いは絶好の散策路です。堰浚いのときは水が流れていないので、水の流れている様子もボランティアに見てほしいし、素晴らしい里山と奥山の景観も味わってほしい。そこで、二〇〇四年から「上堰自然探勝会」を企画しました。初年度は水路に滔々と水が流れ、かつ夏場の共同作業である草刈りが終わって歩きやすくなる七月中旬に行い、翌年からは秋も加えた二回、行っています。

水利組合のメンバーでも、本木上堰をすべて歩いた経験者は意外に多くありません。共同作業は自分のムラの分だけなので、半分しか歩かないし、そもそも自身の田んぼに水を入れるための掛け場（堰から水を落とすためのゲート）にしか行かないのです。探勝会は地元の人向けの勉強会でもありました。ただし、残念ながら、ボランティアの参加者は毎回数人程度です。

こうして受け入れ体制は徐々に整い、参加者も毎年一〇名強は確保できるようになりました。すると、地元の人たちの意識にも変化が現れてきます。堰浚いの最中に、こんな会話がよく交わされるようになりました。

「よく、こったとこに、わざわざ休みなのに、来んなあ？　何がいいんだい？」

「こんなにきれいなところは、めったにありませんよ。水も緑も本当に豊かですねえ」

「この水路が江戸時代に造られたなんて、すごいです」

「ここにいるだけで、なんだか気持ちよくなってきます」

「へえ、そんなもんかい。オレらにはこんなん当たり前だかんなあ」

この地区、この場所が素晴らしいということを都会の人たちから教えられる。当たり前すぎて気がつかなかったムラの豊かさ、自然の美しさを都会の人が来ることによって意識し、誇りに思い始めたのです。

ただし、この間も、体調を崩されたり亡くなられたりなどの理由で、組合員は減る一方でした。問題の根本的解決にはなっていない状況に、変わりはありません。

3 堰の管理という仕事

世話人への指名

早稲谷でもっとも頼りにしていた五十嵐藤彦さんが、二〇〇四年ごろから体調を崩されました。早稲谷は取水口に近いので、水量調整などの実務面と早稲谷側の組合員の管理を世話人が行います。世話人としての務めを十分に果たせなくなった藤彦さんは急遽、後継者を探し、何と私を後継に指名したのです。

すでに、ボランティアの重要性は誰もが認めていました。一番稲作が盛んだった昭和四〇年代に五〇戸あった受益農家は、私が初めて水利組合に参加した一九九七年には三〇戸に減り、このころには二一戸にまで減少。そこに一五名前後のボランティアが来るのですから、人手が頼りの水路の維持には欠かせない存在です。ボランティアがいなければ、おそらく堰浚いは一日で終わらず、負担感の増加から、ますます米作りを止める人が増えていたでしょう。ボランティアのおかげで、悪循環に一定の歯止めがかかっていました。ただし、藤彦さんが私を指名した真意は、ボランティア受け入れ強化のためではありません。

本木上堰の維持管理にもっとも重要なのは、日常的な水量調節です。山を削るように開削された堰ですから、ひとたび雨が降れば、流れ込む山の小さな沢の水をすべて受け止めることになります。放っておけば、たちまち水位が上がり、土手を越えます。洪水で堤防が決壊するのと同じように、土手は水の力で削られ、あっという間に崩落してしまいます。そうならないためには、常に天候に注意を払っていなければなりません。

早稲谷川は、源流部では北から南に流れ出し、集落の手前で東西に流れの向きを変えます。集落から西側を見ると、壁のように長い帯状の尾根が西の空間を半分ほど塞いでいます。その奥の空が黒い雲に覆われたら、天気が崩れるサイン。土砂降りの雨が来る前に取水口を塞ぐか、「はずし場」と呼ばれるポイントの水門を開けて、水を逃がす必要があります。

これを滞りなく行うには、担当者はいつも地元にいて、急な天候の変化に迅速に対応できなければなりません。だから、専業農家でなければ、務まらないのです。決してリーダーシップや人望を見込まれて私に声がかかったわけではありません。何しろ、本木上堰にかかわっている若者で、昼間も早稲谷にいるのは私一人なのですから。

こうして、二〇〇四年から私も本木上堰の役員となりました。晴れて(?)総会にも出席し、当然ながら堰とのかかわりは格段に深くなりました。そして、水量の管理だけでなく、役員の役割がいろいろあることがわかってきます。長い歴史のなかで形成された独特のシステムが存在し、それはとても興味深いものでした。

公平を重んじるシステム

まず、雪解けを迎える四月中旬に「下見」を行います。主として堰守と本木地区の役員の二名が、本木側の水尻《みなじり》（田んぼから水を落とすところ）から取水口に向かって水路沿いを歩き、冬の間に傷んだ箇所の有無を確認していくのです。これは大まかな状況を把握するためで、速足で歩きます。早稲谷側は北向き斜面なので雪に覆われているところが多く、とくに取水口の近くは近づくことさえままなりません。あくまで下見で、冬の数カ月間はまったく見ることのなかった水路の状況を少しでも早く知る目的です。

下見が終わると、毎年四月二〇日前後の夜に開かれる総会の準備です。前年度の会計報告、今年度の事業計画、「検分」の日程、そして堰浚いとボランティア受け入れについての打ち合わせを行います。

役員の仕事でもっとも重要で、かつたいへんユニークなのが、検分です。役員全員で水路の全行程を歩き、状況を確認し、堰浚いの段取りを決める作業で、下見と違うのは状況確認の精度です。水路は、管理しやすくするために六〇～七〇間（一〇〇m強）を一区間とし、四八区間に分かれています（一一八・一一九ページ図1参照）。その一区間を丁場と呼び、水尻が一号丁場、上流の取水口が四八号丁場です。本木上堰は全長約六㎞と書きましたが、実際に計測したわけではありません。この丁場数から換算した距離と、丁場にカウントされないトンネル部分を合計した数字が根拠です。

検分では、この丁場一つ一つをつぶさに確認します。落ち葉や土砂がどれくらい溜まっているか。法面や土手の崩落はないか。倒木はないか。そして、状況に応じて総人足の丁場とするか個人の丁場とするかを決めていくのです。また、総人足のときはどんな資材を用意すべきか――たとえば水路の土手をかさ上げする土のう、割れ目を補修するためのセメント、チェーンソーなどの数――を検討します。さらに、どこを個人割り当ての丁場とするか、その個人丁場を請け負った場合の日当はいくらかも、話し合いながら確定していきます。

じっくり時間をかけて行うこの作業には、ほぼ一日を要します。山中から昼食を食べに戻ることはできないので、各自が弁当持参です。

堰浚いでは、すべての作業を五月四日の総人足だけで行うわけではありません。これは、時間的な制約もありますが、ムラ特有の平等・公平負担の原則も関係しています。すなわち、田んぼの耕作面積はさまざまなので、大百姓と小百姓で負担が同じでは不公平だと考えるからです。水路の負担金は、各年度の総掛かり金額――共同作業の参加日当、個人丁場の日当、資材費、機械借り上げ代、役員の日当、そしてボランティアの受け入れにかかる費用――を耕作面積で割り、一反あたりの額が決まります。ひどい災害がなければ、一反あたりの負担金は例年七〇〇〇円前後。とはいえ、現金が動くという意味では大きな負担です。

そこで、これらを調整するためにも個人丁場がつくられています。これは非常に合理的な仕組みです。耕作面積の大きい農家は個人丁場を多めに請け負い、人足面の負担を増やす一方、日当が負担金と相殺されるので、現金の持ち出しが少なくてすみます。

さらにユニークなのは、誰がどこの個人丁場を請け負うかを決める方法です。個人丁場はそれぞれ金額が違うので、堰守でも勝手にあてがうわけにはいきません。くじ引きで決めますが、その決め方が面白い。

個人丁場の割り当てが行われるのは、検分の翌日の早朝です。朝五時ごろ堰守宅前に集合し、到着順にクジを引いていきます。ただし、このクジは本番のクジを引く順番を決めるため。つまり、クジを引く順番も公平にクジで選ぼうというわけです。だから、早く堰守宅へ行ったところでよいクジが当たるわけではありません。でも、毎年同じ人が必ず一番乗りするというエピソードまであります。何だかまどろっこしいやり方ですが、それだけ公平性を重んじるということでしょう。

隣同士の集落でも気質が違う

ちなみに、こうした決め方は慣例的に本木側だけで行われ、早稲谷側では世話人の判断によって個々に割り当てられます。ほんの数㎞離れただけの隣同士、しかも同じ水利組合なのに、これだけ集落のカラーは違うのです。

早稲谷に長く住み、本木と行き来する機会が増えると、住民の気質に大きな違いがあるような気がしてきました。それは、ずばり合理性。早稲谷は、無用とあらば、あっさりと切り捨てる。切り替える。けれども、本木は違います。

たとえば稲架掛け。かつて乾燥機がなかったころ、稲はすべて天日で干して乾燥させました。会津の山間地では「さで」と呼ばれ、何段もの高さにハシゴ状に稲を掛けていきます(一三九ページ参照)。田んぼごとに立つ稲の壁は美しく、その風景は秋の風物詩です。しかし、この作業には相当な手間がかかります。自給的な規模ならともかく、農協に出荷するとなると、現在の米価からしても割に合いません。当然どこでもあまり見られなくなりました。早稲谷では、まったく見られません。ところが、本木ではまだこの「さで」が数多く見られるのです(理由の一つは、天日乾燥のお米は機械乾燥よりも美味しいといわれていることでしょう)。

この差は、どこから生まれるのでしょうか。憶測で軽々しく言うのははばかられますが、私は集落の成り立ちや風土からではないかと考えています。『新編会津風土記』によると、早稲谷は江戸時代後期の文化年間(西暦一八一〇年ごろ)に、すでに六二戸を超える大集落でした。その理由は、会津藩の重要な建築用材供給基地の役割を果たしていたためでしょう。つまり、耕地が少なく奥山に接している早稲谷は、炭焼きや狩猟、山菜やキノコ採取、さらには木こりなどで主たる生計を立てる山人であり、山の面積が少ない本木は農耕民族の血が早稲谷よりも濃いと思えるのです。

早稲谷の住人で、かつ細かいことをあまり気にしない（連れ合いからは「いい加減」とか「適当すぎる」と言われます）性格の私には、早稲谷にあまりない本木の特徴、すなわち生真面目さや手堅さがとても興味深く思えました。ところが、このカラーが、徐々に増えつつあったボランティアの受け入れにおいて、逆に負担を生んでいきます。

4 参加者の急増と上堰米の販売

接待疲れ

しばらくは一五名前後で推移していたボランティアの数が、二〇〇八年から突然、爆発的に増え始めました。この年と二〇〇九年に二八人、さらに一〇年には四二人です。なぜ急増したのか。理由は私たちにもよくわかりません。長年の活動の成果で認知度が増したのか、リピーターが多かったので必然的に増えたのか。あるいは、時代がこうした取り組みを求めているからかもしれません。

私たち自身、時代を先取りする先進的な取り組みと自負はしていました。ただし、活動が一〇年を超え、参加者が増加するなかで、転機を迎えつつあると感じています。参加者が増えれば組合員の作業の負担が減るので、たいへんありがたいのは間違いありません。ところが、小さな水利組合の場合、一概にそう言い切れない側面もあります。

まず、お金の問題。ボランティアからは滞在費用は一切いただかず、水利組合で負担していました。会津人の意地として、来られた方は精一杯もてなしたいという気持ちが強いためです。とはいえ、参加者が増えるとすべてを抱え込むわけにはいかないというジレンマが生まれてきました。ボランティアが増える分だけ、負担額も増えていくからです。

より大きな問題は、気持ちの面でした。会津人は借りをつくることを好みません。何かをしてもらえば、必ずお返しするという気質があります。だから、ボランティアの持ち出しがなるべく少なくなるようにするのです。これについては、ボランティアの方からもご提案いただいていました。たとえば、昼のお弁当を仕出し屋さんに頼まず、朝食の自炊時におにぎりを作ろう、仮に頼むのであれば実費負担にしよう……。

でも、問題の本質は、そこにはありません。私が日ごろから感じているムラの人の律儀な面や人のよさに原因があると思います。つまり、もてなさなければ気がすまないという生真面目さです。その結果、増加するボランティアの接待に疲れを感じている雰囲気が感じられるようになりました。

これは、グリーンツーリズムの講習会などでよく聞かれる話です。農家民宿はじめ、グリーンツーリズムでは家族単位での活動が多くあります。活動が軌道に乗るにつれ、最初に音をあげるのは、何かと相手に気を配り、裏方を支える主婦です。ボランティアの受け入れにあたって最初に定めた「来てくれた方はお客様ではなく仲間である」という理念は、こうした事態を懸念しての位置付けでもあります。

拡大への模索

こうした問題があっても、ボランティア希望者を断りたくはありません。せっかく縁があってこの取り組みに興味をもち、ゴールデンウィークにわざわざ来ていただけるのですから、一定数に制限するのはもったいないことです。また、かなりの人数が山村と水路に興味をもって来ることに新たな可能性を見出したいという気持ちもありました。

山都町には、本木上堰のような水路がたくさん存在します。とくに、一の戸川沿いに本木地区から相川地区を通って町の中心部に流れる九か村堰は、本木上堰よりさらに古い歴史をもつ水路です。地盤のもろい切り立った崖に水路が通い、その間はほとんどがトンネルで、一見の価値があります。ただし、維持管理は本木上堰以上に大変なので、ボランティア受け入れの検討をもちかけてみました。高齢化や後継者不足で水路の維持管理に悩んでいるのは、全国の中山間地に共通でしょう。

これからの時代、山間地の農地維持に都市住民の協力が必要なことは間違いありません。こうした取り組みが拡大していく必要があります。とはいえ、まったく新しい試みですから、九か村堰の総会で諮ってもらうことにしました。

部外者である私が、本木上堰と同様に四月中旬に行われた二〇一〇年度の九か村堰総会に、説明にあがりました。いきなりフル規格での受け入れはむずかしいでしょうから、本木上堰が用意した集会所を宿泊場所に利用し、交流会も共同開催するという提案です。派遣するボランティアはヘビーリピーターの精鋭部隊を想定していましたが、残念ながらこの試みは実現しませんでした。

もちろん、根回し不足の感は否めません。でも、作業の軽減効果よりも、ボランティア数の増加による負担感が、九か村堰のメンバーの間で噂になっていたようなのです。やはり、地元では人が集まりすぎることを深刻に受けとめていたのでしょう。同時に、九か村堰は行程がそれど長くない割に耕作者が多く、顔ぶれも若干若いので、共同作業の負担感は本木上堰ほどではなく、危機感があまり大きくなかったという事情も、実現しなかった要因としてあげられると思います。

総会後に、一人の若者から相談を受けました。通称大ちゃんこと板橋大《ゆたか》君です。彼は山都では珍しい地元出身の新規就農者、つまりUターン農業者です。九か村堰にも加入したばかりでした。その彼が言うのです。

「来年もう一度話をもってきてください。今度は受け入れてもらえるように、ぼくも協力します。九か村堰だって一〇年経てば、いまの早稲谷と状況は変わりませんから」

保守的な地域で新しいことを始めるときのキーワードは、「よそ者、若者、ばか者」だとよく言われます。その後の付き合いから、彼にはこうした資質が十分にあることがわかってきました。最近では、遠い地区の水利組合が私たちの取り組みに興味をもって、聞きにきています。ボランティア受け入れ団体が拡大する素地はできつつあるのではないでしょうか。

コストをカバーできる価格で上堰米を売ろう

水利組合員の負担が増加している理由は、ボランティアへの対応面だけではありません。組合員の減少も大きな理由です。後継者がいないし、同居していても稲作を継承しないために、代替わりしません。

これまでは、ご先祖さまから引き継いだ土地を守りたい、自分で作ったお米を食べたいなどの理由で、稲作が続けられてきました。でも、そうした神通力はもはや通用しません。それほど、お米の販売価格は安くなりました。私のような新規就農者の加入も、現実的ではありません。稲作は機械代などの投資額が畑作に比べて大きいからです。要するに、すべての元凶は米価の低迷にある！

二〇一〇年にＪＡ会津いいで（喜多方市などがエリア）が提示したお米の仮渡価格は、一俵（六〇kg）約一万円でした。これは、前年より一気に二〇〇〇円近くも下落しています。私が就農した一九九六年の全国平均は約二万円でしたから、ほぼ半額です。一方で、東北地方の二〇一〇年の一俵あたりの平均生産コストは一万三九九八円でした（東北農政局発表、一〇ａあたりの全算入生産費と平均収穫量から算出）。これはあくまでも平均値で、早稲谷のような山間地ではもっと高くなります。つまり、作れば作るほど赤字。これでは、息子さんに跡を継げと言えるはずもありません。

そこで、せっかく多くの人たちとつながりができたので、二〇〇九年に上堰米の販売を検討しました。共同作業の手助けに加えて、食べて支えてくださいということです。五kg、一〇kgという家庭で食べやすい単位とし、一〇kg四〇〇〇円、五kg二〇〇〇円としました。一俵に換算すれば二万四〇〇〇円です。梱包や精米の費用がかかるので、組合員からの買い上げ価格は一俵二万円としました。この価格なら、生産コストをカバーできます。これを呼び水として、後継者を育成しようというもくろみです。

完全予約制の上堰米

ただし、こうした試みは簡単にはいきません。その最大の障害は、お米の流通システムにあります。

長年、食管法により国の一括買い上げが当たり前になっていたこともあり、完全自由化された現在もお米を売る農家の多くは、自家保有米を除いて秋に全量をＪＡか米集荷業者に納入しています。小売するという習慣が、一般にありません。農家にしてみれば、秋の収穫後すぐにまとまったお金が入ってくるし、売れ残るというリスクを一切負わないので、米価がいくら下がっても、JAや米集荷業者に文句を言いつつ、素直に納入し続けるのです。

一方、消費者はその正反対を求めています。必要なときに、必要な量だけ、必要な状態(玄米か白米かなど)で買いたい。そのためには、上堰米が本当に売れるかどうかわからないけれど、またすぐに精算されないけれど、お米を農家が保管しなければなりません。

では、この間のリスク、すなわち決済や売れ残りの処理など中間業者的役割を本木上堰水利組合がもてるのか。答えはもちろんノーです。

そこで、上堰米は完全予約制とし、購入希望者には一〇月末までに、年間購入量を明示してもらうようにしました。さすがに、前金までは無理ですが……。また、ボランティア参加者に贈っていたお礼用の米は、上堰米の美味しさを知ってもらう絶好のサンプルと考え、二〇〇九年から品種ごとに分けることにしました。

二〇一一年産米の定期購入者は約一五名。販売数量は八〇〇kg程度です。いずれは、本木上堰を利用する田んぼで穫れるお米の多くを、この直売で売っていきたい。それが広がるかどうかに、堰の存続がかかっていると私は考えています。

第6章　田舎暮らしの試行錯誤

「もりの案内人」養成講座を受講

1 冬は造り酒屋で働く

蔵人になりたい

移住後すぐに就けた福島県農業試験場のアルバイトは、福島県の規定により、一年間のうち六カ月間と決まっていました。一月中旬には辞めなければなりません。本来は、農作業のできない冬にアルバイトで貯金しておきたいところです。そこで、冬の間だけ雇ってくれるところを探すことにしました。いずれは農業収入だけでやっていくことが目標でしたが、何しろ半年近く雪に閉ざされる雪国です。

実は、移住当初から秘かに狙っている冬の仕事がありました。それは造り酒屋に勤めることです。会津は米どころであると同時に、日本有数の酒どころでもあります。当時、人口四万人足らずの喜多方市(二〇〇六年の合併の前で、現在は約五万一〇〇〇人)に、九軒もの造り酒屋が営業していました。しかも、酒の仕込みは農閑期の冬です。これだけ好条件がそろっているのですから、ぜひ酒蔵で仕事がしたい、蔵人になりたいと思っていました。

そう考えた理由が、もう一つあります。霜里農場での研修では、ぜいたくにも夕食に必ず美味しい日本酒がついていました(奥さんの友子さんは、呑ん兵衛たちを決して歓迎していませんでしたが)。そのお酒は、金子さんが育てた有機栽培米を地元の造り酒屋・晴雲酒造が醸した、

「おがわの自然酒」です。昔からお酒は大好きでしたが、日本酒がこんなに美味しいことはこのお酒で初めて知りました。さらに、尾瀬あきら氏が描いた名作『夏子の酒』に登場する有機農家のモデルが金子さんであることを知り、ますます酒造りの世界に興味をもったのです。

とはいえ、酒造りが盛んといっても、都合よく求人があるわけではありません。日本酒の市場は縮小傾向にあったし、小さな蔵元がほとんどですから、雇用できる人数は限られています。まして、地元の農家も冬だけの仕事に出ることが当たり前で、蔵人は競争率が高く、狭き門でした。

しかし、ここでも偶然がありました。大学時代の友人が会津若松市出身で、彼のお父さんが市内の大手造り酒屋の重役をされていたのです。その友人に相談すると、お父さんを通じて喜多方市内の知り合いの造り酒屋に聞いてくれました。実は、私が就農先を会津と定めたとき真っ先に脳裏に浮かんだ昭和村の美しい田園風景は、彼の実家に遊びに行った帰りにたまたまドライブで出会ったものでした。やはり、私は会津に何かしら縁があったのかもしれません。

友人のお父さんに紹介していただいたのは、合資会社・大和川酒造店です。創業は寛政二(一七九〇)年。決して大きくはありませんが、相当な老舗《しにせ》です。市内中心部の家や蔵が立ち並ぶ一角にありました。白壁の大きな蔵が何棟も並び、蔵が多い喜多方市内でもひときわ存在感があり、風格が漂っています。その座敷で、当主の九代目・佐藤弥右衛門氏(当時は襲名前で、芳伸氏)に、面談していただきました。

蔵の見学もできる大和川酒造店

なぜ会津に来たのか。どんな農業がやりたいのか。なぜ造り酒屋で働きたいのか。以前に山都町役場で行われた就農相談の打合せと同じように、自分のめざす農業と思いのたけを語ったところ、農業観で通じるところが多々あったようで、すんなりと蔵に入ることが認められたのです。

酒造りと農業の共通点

大和川酒造店は有機農業の取り組みで知られる熱塩加納《あつしおかのう》村（現在は喜多方市）の農家と結びつきが強く、有機栽培米や特別栽培米（化学農薬と化学肥料の窒素成分を周囲の慣行農法の五割以上減らした米）を積極的に使用した、こだわりの日本酒を造ってきました。また、有機農産物を積極的に扱う「大地を守る会」のオリジナル日本酒「種蒔人」（当時は「夢醸」）も造っています。私が後に、大地を守る会に野菜の出荷でお世話になるのも、このつながりがきっかけでした。さらに、「日本地酒協同組合」という全国の小さな蔵元が集う組織に所属しており、晴雲酒造とも以前から交流があるそうです。埼玉から遠いと思われた会津ですが、有機というキーワードでさまざまなつながりがあることがわかってきました。

こうして、移住半年後の一九九七年一月から大和川酒造店へ通い始めました。私が想像していたのは、『夏子の酒』のような薄暗い土蔵、伝統的な造り、杜氏《とうじ》を筆頭にした出稼ぎ職人集団です。しかし、働いてみるとまったく違いました。九〇年代初めに喜多方市郊外に新工場を建設し、真新しい近代的な設備で酒造りを行い、新潟県小千谷市から来る杜氏さん一人だけが技術者兼現場統括者として蔵に入ります。そのほかの通称釜屋（釜場＝お米を蒸かす場所の担当者）、麹屋（麹作りの担当者）、酛屋《もと》（酛または酒母と呼ばれるお酒の素を作る担当者）などは、地元の人たちでした。すでに当時、日本中の蔵でそれが一般的な造り方だったそうです。

設備の自動化も進んでいたので、仕込みが始まっても、蔵に泊まり込むわけではありません。朝八時に出社し、夕方五時に終わる、規則正しい働き方です。醸造タンクは温水と冷水が循環するようになっていて、スイッチ一つでもろみの温度管理ができます。米を運ぶベルトコンベアーや強力な風で米を飛ばすエアシューターも、導入されていました。麹は微妙な温度管理が必要ですが、コンピュータが自動制御します。熱い蒸し米をかついで、暗い急な階段を麹室めざして駆け上がったり、一晩中寝ずに麹の面倒をみるということは、まずありません。

とはいえ、酒造りそのものが変わったわけではありません。働いてみると、酒造りと農業には共通する部分がたくさんあることに気がつきました。いずれも、微生物の世界で成り立っています。いかに設備が機械化・近代化されようとも、微生物が有効に活動できる環境の整備が蔵人の仕事であることに変わりはありません。これは、豊かな土をつくる、すなわちたくさんの微生物が棲む土づくりに努力する農業と共通しています。

それは、蔵人が使う言葉にも表れていました。仕込んだもろみの表面を「ツラ」と呼んで発酵状態を見る目安とし、良好であれば「いいツラになってきた」と言います。また、「食いつきがいい」（酒母造りで投入された酵母が盛んに増えていく）、「踊らせる」（もろみの温度を上げて発酵を促進させる）、「荒息《あらいき》を抜く」（蒸されたばかりの米の熱気を少しとる）、「休ませる」（もろみの温度を下げて発酵速度を抑える）、「寝かせる」（熟成させる）など、生き物にたとえた表現がいくつもあるのです。

もっとも、こうした表現は酒造り五〇年というベテラン杜氏の引退後は、使われる回数が減りました。生き物を育てるように、勘と経験に基づいて、もろみのご機嫌をうかがいながらの酒造りから、毎日行う化学分析の結果をもとに発酵具合を判断して、もろみを操作する酒造りに、意識が変化しているのかもしれません。

地域の有機農業とつながる酒蔵で働ける幸せ

酒造りは、風土と深く結びついているところも農業によく似ています。酒の味は、酒蔵がある地域の食に左右されると言われています。会津は海から遠く、冬は雪に閉ざされているために、保存性に優れた食べ物が発達しました。漬物はもちろん、ニシンの山椒漬け、塩漬けにして保存した山菜の煮物などは、比較的濃い味わいです。それらに合う酒は、すっきりとした辛口よりも、コクのある甘口が主流となります。だから、会津の酒は芳醇な甘みがあり、山の幸と一緒に食すと、互いのうまみが引き立ち合うのです。

各地に点在する小さな酒蔵は、単に酒を造っているだけではありません。地域の食文化を支えています。それは農業と同じで、どちらも風土と密接に関連し、生かされています。大和川酒造店は会津という地域との共存をめざし、地元農家とかかわりが深い酒蔵です。私はそのことが、冬の仕事先という以上に重要だと考えています。

おかげで、熱塩加納村の小林芳正さんをはじめ、会津で長く有機農業に取り組んでいる方々と知り合いになることができました。農業は気候や土質などが異なれば、種播きの時期も害虫の種類も異なります。会津の環境に慣れて、早く自立できるように技術を磨くために、有機農業の先輩たちは本当に心強い存在でした。もちろん、それは現在も変わりません。

大和川酒造店とのつながりが大きなプラスになるのは、技術面だけではありません。酒の仕込みに使う原料米は、半分近くを削ります。たとえば精米歩合六〇%であれば、外側の四〇%

は削るわけです。そのときに出る大量の米糠は絶好の肥料であり、鶏を飼育している私にとってはエサにもなります。移住当初は、コイン精米機をこまめに回って米糠を集めていましたが、農園の規模が大きくなれば、当然ながら足りません。まとまった量があり、しかも出自がはっきりしている米糠を入手できるのは、とてもありがたいことです。また、間近で麹作りを覚えられるので、大豆も麹も自前の味噌が完全自給できています。

ありがたいお誘いだったけれど……

大和川酒造店では私が勤め始めた一九九七年に、ある計画が進行していました。それは、JAなどから仕入れている原料米の自社栽培です。すでに近隣農家との契約栽培によって、地元産米を使用していました。しかし、それにとどまらず、一部でもよいので原料米から自社で一貫生産した酒を造りたいという夢をもっていたのです。

とはいえ、酒蔵の従業員だけで米作りはできません。そこで、農業法人の設立を考え、協力農家を探していたそうです。ちょうどそんなときに働き始めた私は、佐藤さんに言われました。

「浅見君、あんな山の中ではなく、この喜多方の農業空間で、大きく三町歩くらい酒米を作ってみないか」

佐藤さんは当時、農業空間という言葉を好んで使っていました。農業をどの程度知っているのか未知数の私に、期待をこめて声をかけてくれたのは光栄でした。でも、移住してわずか半年あまり。独力で稲作をやった経験はありません。自分の田んぼさえ決まっていないのに、三町歩の米作りなんて想像もつきません。そして、何よりも私には「過疎の山村で何らかの役割を担いたい」という想いがありました。

大規模化が可能で、収量も高い、喜多方市の恵まれた平坦部では、私の望む役割は果たせません。冷暖房・オーディオ完備のキャビンを備えた大型トラクターで広々とした田んぼを颯爽と耕すよりも、小さなトラクターで狭い田んぼを汗を流しながらコツコツと耕したい。機械になるべく頼らず、より長く土に触れ、周囲の木々や風、鳥の音を聞きながら、作物の生長を見ていたい（実際にはそうした時間はないし、いまでは作業は機械頼りなのですが）。そう思って、このお誘いは即座にお断りしました。もっとも、佐藤さんもどれだけ本気で私に声をかけたのか、はなはだ怪しかったように思います。

大和川酒造店では現在、酒造りに携わるのは三人だけ。機械化が進んでいるとはいえ、ギリギリの人数です。一人で何役もこなさなければなりません。でも、そのおかげで酒造りのすべての工程にかかわることができます。そして、冬の仕事を継続的に確保できたのは、会津に住み続けるためにとても大きなことでした。

2　仲間と出会う、仲間が増える

同世代との最初の出会い

こうして多くの地元有機農家と知り合いになれたのですが、その方たちの年齢は一回りも二回りも年上でした。また、山間部の山都町とは状況も異なります。小川光さんが仲介して住み着いたIターン者も人生の先輩ばかりで、同世代は一人もいませんでした。地元の農業後継者との交流もありません。早稲谷の数名の若者は、喜多方市内などに勤務しています。なかなか同世代の友人ができませんでした。

そんなときに出会ったのが、熱塩加納村役場職員の倉茂《くらしげ》洋一さんです。仙台市出身ですから、私と同じIターンで、年齢は三歳下。学生時代から有機農業に興味をもち、その先進的取り組みの地であるという理由で、縁もゆかりもない熱塩加納村の職員になりました。役場は地元の人にとって、我が子の都会への流出を食い止める数少ない貴重な砦です。そこにIターン者を受け入れるのですから、熱塩加納村の懐の大きさと倉茂さんの熱意が感じられます。

彼と出会ったのは、大和川酒造店の座敷で行われた「本多勝一氏を囲む会」。当時、朝日新聞の看板記者であった本多勝一氏はこよなく日本酒を愛し、大和川酒造店の社長とも親しく、よく蔵を訪れていたのです。そして、私も倉茂さんも、著書や紙面を通じて、国家権力や企業の暴力、社会の矛盾を次々と暴く本多勝一氏の昔からの大ファンでした。倉茂さんにいたっては、本多氏が中心となって創刊された『週刊金曜日』の準備号が発行されたとき、わざわざ大学で読者会を企画したほどです。

二人とも、有機農業や環境・人権問題などに興味があり、理屈っぽい。話し相手が少なく、お互い寂しい思いをしていたので、初対面ながらも気が合います。以後、彼とはことあるごとに一緒に行動しました。結婚して連れ合いの晴美が会津に来て、初めて倉茂さんと会ったときの、二人の最初の会話を紹介しましょう。

「晴美さんちは、洗剤を使っている？　やっぱり石けんだよね。でも、石けんでもヤシ油を原料に使っているのはダメだね。ヤシ油の生産には、グローバル企業の搾取が絡んでいるから。メーカーに別の油を勧めようと電話したけど、相手にしてくれないんだ。もう、あそこの石けんは使わない」

倉茂さんは二〇〇六年に役場を退職し、数年の浪人生活を経て、二〇一〇年に司法書士試験に合格。現在は自給用の畑を耕しながら、熱塩加納村唯一の司法書士として活躍しています。

農業は辛抱だ

小川さんは二〇〇〇年に早期退職して専業農家となり、メロンとミニトマトの栽培を手伝う農業研修生をより積極的に募りました。研修制度は、「桜の結《ゆい》」と名づけています。桜は、畑に使う落ち葉堆肥の材料に、窒素分が多く、殺菌作用もある桜の落ち葉だけを使っているからだそうです。結は、所有するパイプハウスを研修生に無償で割り当て、研修期間前半のハウスのビニール張りや畝つくりなどの作業を全員が協力して行うからです（農繁期に農家同士で労働力の貸し借りをする伝統的な仕組みがあり、これを結や手間替えと呼びます）。研修期間は雪のない四～一一月。給与は支給されず、生活費は収穫物を自分で販売して得ます。

この研修制度で、毎年数人が来ています。大学卒業直後などが多く、都会の若者たちが農業や農村に興味をもっていることをあらためて感じました。研修後は山都町を離れる人も少なくありません。社会勉強のつもりで来たり、就農場所を決める前にいろいろな経験を積みたいと考えているからでしょう。それ自体は、何ら問題ではありません。私だって、霜里農場でお世話になりながら、山都町に移ってきたのですから。

一方で、本格的に農業をやりたいと定住を希望したにもかかわらず、この地域の気候や地形が予想以上に厳しく、暮らしの大変さに驚いて、早々に帰ってしまう人もいました。たしかに、山間部の豪雪地帯の生活は経験してみないとわかりません。しかし、単なる田舎暮らしではなく、就農したいと宣言した以上、このような行為は好ましくありません。

私は就農の場所を決めたら、その土地の条件をできるだけ受け入れ、風土に合わせた農業のスタイルを追求すべきだと思っています。そもそも、農業をやる場所を自由に選択できるというのは、既存の農家からすれば信じられないほど恵まれた条件です。わずか数カ月や数年の体験で、自分が思い描いていた農業がむずかしいという理由から新天地を求めて出ていくのは、限られた条件のもとで苦闘している地元農家に対して非常に失礼でしょう。

こうしたことは、地元農家同士でもよく言われます。たとえば、新しい作物の栽培を始めて初年度が上手くいかなかったとき、必ずこう言うのです。

「たった一作で上手くいがなかったからって、止めちまったら、あまりにもみっともねえべ。いまちっと、がんばってみんべな」

そうです。農業は辛抱でもあるのです。

人間関係が変わってきた

出入りの激しさはあるものの、山都町に住み着くIターン者は徐々に増えてきました。ただし、専業農家になった人は多くありません。こだわりの豆腐屋、天然酵母のパン屋、スズメバチの駆除業、知的障がい者施設で働きながらの自然農、町内唯一の喫茶店……。まさに半農半Xの展示場と言えるでしょう。多様な人が集まるのは素晴らしいことです。

同時に、その相乗効果か、山都町の地元住民の意識に変化が起こってきました。「閉鎖的」という言葉で表されていた農村の人間関係が、変わってきたのです。外から来た人に対する接し方を覚えてきた、と言ってもよいかもしれません。相変わらず警戒心はあると思いますが、Iターン者を排除するのではなく、少々の距離感と興味をもって観察する余裕が生まれてきたのでしょう。そして、信用できるとわかれば、一緒に行動するようになります。たとえば、私や大友さんがかかわっている堰浚いボランティア受け入れのように。

その証拠に、近隣五市町村（喜多方市・山都町・塩川町・熱塩加納村・高郷《たかさと》村）が二〇〇六年に合併してできた新・喜多方市で積極的なＩターン受け入れ政策が始まると、担当の市役所職員が「山都町エリアの人は、他地域と比べて格段にＩターン者に対して友好的だ」と言っていました。これは何を意味するかというと、やや大げさに言えば、いち早く時代の変動に対処できる可能性が高いということです。

広井良典氏（千葉大学教授）は著書『コミュニティを問いなおす』（ちくま新書、二〇〇九年）で、以下のような指摘をしています。

「農村の閉鎖性は、稲作を中心としたきめ細かい共同作業などのルールに則って形づくられたものである。比較的恵まれた農村の自然環境で、内部でほとんどが完結するため、外部との交渉が少なく、結果的に外に対して潜在的な排他性を伴う。これを『稲作の遺伝子』と呼んでもよいだろう。しかし、それは農村が稲作で自立していたからこそ形成され、維持されてきたものである。その状況が変われば、すなわち自然環境や生産構造、社会構造が変化すれば、農村の人間関係もそれに適応しながら進化する」

山間地ゆえに他の地域よりも早く窮地に立たされた山都町だからこそ、コミュニティの形が進化して、Ｉターン者を受け入れ、堰浚いボランティアとの交流も可能になったと言えるでしょう。新しい取り組みと人を受け入れる土壌ができつつあるのは、山都町の次なるステップにつながる素晴らしいことだと思います。

新・山都人たち

桜の結などの縁で山都町近隣に定着した個性的な人たちを二人、紹介しましょう。

一人は小原《おはら》直樹さん(一九五九年生まれ)。一九九九年春に、桜の結へ参加の予定でしたが、一転豆腐作りをめざし、福島県産無農薬大豆と天然にがりのみを原料とした、こだわり豆腐店を高郷村で開きました。反戦活動しながら八年かけて大学を卒業後、塾講師、自然保護団体や広告代理店勤務などを経てきた、Iターン者のなかでもひときわ面白い経歴の持ち主です。

もう一人は秋庭千可子《あきばちかこ》さん(一九五八年生まれ)。二〇〇〇年に、ご主人、子ども三人と移住。当初は山都町最奥の一の木集落のまた一番山奥の家を借り、同地区の小学校児童九人のうち三人を一族で占めるという、快挙(?)をなしとげました。過疎の村では、子連れの若い夫婦ほどありがたがられる存在はありません。

その後、町内のそば道場に通い、そば打ちの技術を会得しました。そば打ち四段の資格を持っている女性は、福島県内で彼女だけだそうです。そば打ちをとおして商工会とのつながりが強まり、二〇一〇年には県の補助事業を利用して、過疎化で人通りが減った山都町の中心部に「茶房千」を開業。いまでは、地元の人の社交場としてはもちろん、Iターン者の憩いの場です。しかも、Iターン者を数人雇用し、経済的な面でも支援しています。地元に顔が広く、Iターン者のなかで一番の情報通。カフェの経営は、まさに彼女の天職でしょう。

ただし、二〇一一年三月の東日本大震災と原発事故によって、Iターン者の動向は大きく変わりました。相変わらず小川さんは積極的に研修生を受け入れており、山都町に来る人が多い一方で、原発事故を機にせっかく築き上げた生活を捨て、移住した人もいます(第8章参照)。

3 新たな連携を生んだ地域通貨

貨幣で測れない価値の再評価

Iターン者が増えるにつれ、大広間が酒盛りの場にぴったりということもあって、私の家が社交場というか単なる酒場のようになっていきました。毎年、田植えが一段落したころに早苗振り宴会(田植え終了後に、田の神様へお供え物をし、手伝ってくれた人たちを招いて行う酒宴)、秋には収穫祭と称して、熱塩加納村のIターン者も含めて我が家に集うようになったのです。たびたび集まるうちに、何か新しい試みができないかという雰囲気が生まれていきます。そんな折『エンデの遺言』という番組が一九九九年春にNHKで放送され、全国各地で地域通貨ブームが起こり始めていることを知りました。

『エンデの遺言』は、ドイツの童話作家ミヒャエル・エンデが亡くなる前年の一九九四年にNHKのインタビューに答え、「パンを買うことと、株を買うこととは、同じだろうか」と現在の金融や経済の仕組みに疑問を投げかけ、地域通貨を提唱したことを紹介する番組です。エンデが亡くなったのは、私が霜里農場で研修しているときでした。ニュースで訃報が流れると、友子さんがたいそう残念がっていたことを思い出します。後で知ったのですが、金子家にはエンデの著書から名前を取ったモモという猫がいたそうです。

通常、通貨＝お金といえば、日本であれば当然「円」を指します。国家が管理し、信用を保証する、いわば国家通貨です。取引は円で行われ、物の価値も円で評価されます。これは一見、平等で効率のよいシステムと思えますが、このお金のおかげで現代社会は暴走を始めてしまいました。それは、私が有機農業の世界に関心をもつきっかけになった市場経済の影の部分、すなわち利益至上主義であり、大量生産・大量廃棄による環境破壊であり、さまざまな搾取です。そう考えると、通貨＝お金は、以下のようにも定義できるでしょう。

「モノを大量生産し、消費し、廃棄する行為をスムーズに行うために、都合のよい道具」

私が有機農業と自給的な生活をめざしたのは、市場経済の影の部分に少しでも距離をおきたいと願ったからです。しかし、お米や野菜が多少なりとも自給できてきたとはいえ、個人の力で生活すべての自給はできません。足りないものは買うしかないのです。消費社会に抗しているつもりでも、その距離は昔に比べて少し離れたにすぎません。自給の次の手を考えなければいけないと思い始めたころ、地域通貨に出会いました。

私がめざした地域通貨の取り組みは、こう定義できるでしょう。

「信頼できる友人との間で、それぞれが提供できるモノや労働、サービス、知恵や技能などを交換し、地域の自給率を高める仕組み。円という貨幣では測れない価値を再評価する試み」

山村のように不便で自給的暮らしが残っているところほど、貨幣では測れないものがたくさんあります。たとえば、藁縄編み。かつては農家の冬仕事として、老人から子どもまでが行う貴重な収入源でした。ところが、ビニール紐など代替品の登場とともにその価値は失われ、いまではお年寄りにしか編めません。時代とともに交換価値を失った技術ですが、手仕事に興味のある人にとっては憧れの技です。

そこで、藁縄編みを教わるワークショップを開催し、講師料を円ではなく、地域通貨で支払います。地域通貨という新しいモノサシで、価値を評価するわけです。これはあくまで一例であり、貨幣価値がないとされてきた隠れた才能を提供できる場が、アイデアしだいでどんどん生み出せます。

人と人とのつながり方が、市場経済のようなお金を通じたドライな契約と、家族の愛や友情など無償の世界の二つに乖離しているのが、現代社会の特徴です。両者の隙間を埋めるのが地域通貨ではないでしょうか。なければ生活ができないわけではないが、あればより豊かに、そして人や自然により優しく生きていける。それが地域通貨といえるでしょう。

交換の単位は「会《あい》」と「会《あい》s《づ》」

地域通貨は通用する範囲が限られるので、対象となる地域内の自然資源や人の技能・才能が積極的に発掘され、活用されていくはずです。地域通貨によって地域の人と人、人と自然がより強く結ばれ、それはやがて地域の自立へとつながっていくのではないでしょうか。こうして、倉茂さんと小原さん、私の三人が中心となって、勉強会を始めました。

地域通貨には、いくつかの方法があります。たとえば、独自の紙幣を発行し、通常のお金のように使う紙幣方式。もっともわかりやすいし、会員でなくても双方が合意すれば不特定多数に使えるから、手軽です。しかし、紙幣の発行、流通や量のコントロール、偽造防止など運営管理に手間やコストがかかるという欠点があります。

私たちは有志の集まりですから、運営管理に割ける時間もお金も持ち合わせていません。そこで、運営の手間と経費がもっとも少ないと思われたＬＥＴＳ方式を取り入れることにしました。ＬＥＴＳはLocal Exchange and Trading Systemの略称で、通帳方式ともいわれます。紙幣は発行せず、会員がそれぞれ通帳を持ち、会員間の取引に応じてモノやサービスを提供した人にはプラスポイント、提供された人にはマイナスポイントが加算されていく方式です。

理論上は、どんなに活発に取引が行われても、全会員のポイントの合計はゼロとなります。プラスポイントを貯め込んでも利子はつかないので、富にはつながりません。逆にマイナスポイントが貯まっても、負債は膨らみません。ＬＥＴＳのもとでは、金持ちも貧乏もなく、誰もが平等です。相互の助け合い精神のもとで、対等な関係で帰結するといえるでしょう。

私たちは、なるべく多くの人たちが気軽に加入できるように、決済や会員のプロフィール、さらに何ができるか、何をやってほしいかのマッチングのための情報交換をすべてインターネットで行えるシステムを設計し、約一年の準備期間を経て、二〇〇二年一月にLETS会津を発足させました。ポイントの名称、つまり円やドルに相当する単位は、会津にちなんで「会」。複数形は「会ｓ」と、シャレも取り入れてみました。

新たな人のつながり

当初は、私たち三人のようなIターン者同士の助け合いのネットワークづくりが中心と考えていましたが、実際に運営を始めてみると、参加者はIターン者に限定されていたわけではありません。福島県内で初めての地域通貨だったため、地元マスコミにも大々的に紹介され、会津で広く認知されていきます(ただし、当時としてはあまりに新しい考え方だったためか、マスコミの紹介は、「新しい相互扶助の形」とか「会津版ユーロ」(?)などさまざまで、それ自体が興味深いものでした)。

もちろん、ある程度の広がりは想定していましたが、そのスピードは予想以上。会員の顔ぶれは農業者、自治体職員、教育関係者、福祉関係者、市町議会議員、自営業者などで、たちまち一〇〇名を超えました。こうした試みは、地域を広く巻き込まなければ手のこんだお遊びに終わってしまいますから、多くの参加者が得られたのはありがたいことです。ただ、正直に言えば、期待以上に多彩な人たちが集まり、急展開にとまどいも覚えました。

では、どんな取引が行われていたのでしょうか。多いのは、農業関係(農産物や農業残滓の提供、機械の貸し借り、手伝いなど)、不要品の交換、日曜大工的なお手伝いや修繕、物品の輸送代行です。そのほか、宿泊場所の提供、パソコンの講習、そば打ち愛好者が自慢の腕を披露するそば会や講演会の参加費など。ユニークな内容としては、ろくろ体験、地ビール講習、包丁研ぎ請け負いなどです。

私自身は、農作業をよく手伝ってもらいました。二〇〇一年九月に長女が誕生した関係で、農作業の手が不足したからで、とくに稲刈りで非常に助かったのをよく覚えています。消費者への農産物の配送代行にも、利用していました。一方で何を提供したかというと、実はあまり提供するものがなく、マイナスポイントばかりが増えていったのです。もっとも、提案者自らが悪びれもなくマイナスポイントを貯め込んでいることに、「この仕組みをよく理解して積極的に活用している」と、なかば皮肉を含めて賞賛されました。会員の多くは、日常のちょっとした人助けや、自分の新しい可能性を探る機会として、利用していたと思います。

同時に、新たな人のつながりが生まれました。会津には、さまざまな社会問題に取り組んでいるグループがあります。一例をあげれば、自然保護活動、福祉ボランティア、フリースクール活動、私のような有機農業運動などです。それらの活動は、少しでも社会の矛盾を解消したい、社会的弱者を守りたい、誰もが幸せになってほしいという、共通の想いから起きています。ところが、手法が違うとなかなか横断的な連携がとれません。LETS会津は、そうした人たちを一つの場へ集めるという予想を超えた効果を生みました。大げさに言えば、異業種の情報・出会いの交換の場となったのです。

私自身は、Iターン者や有機農業関係者との交流はありましたが、ネットワークと呼べるほどのものではありません。新天地で快適に暮らすための情報を交換する程度でしたが、LETS会津によって交流は飛躍的に拡大し、とても有意義でした。いま思うと、こうした新たな連携を生む場所の提供が、LETS会津の最大の功績でしょう。しかも、この仲間たちでさらに新しい活動を試みようとする機運が高まりました。

役割をほぼ果たし、自然消滅へ

ところが、LETS会津は約二年で自然消滅してしまいます。原因は、おもに二つです。

一つは、会員同士のコミュニケーションツールが、LETS会津に限られなくなったこと。多分野で活躍する人たちは、いったん出会えれば、その関係を有効に利用していきます。強い結びつきができれば、わざわざ通帳を取り出して、「今回はそば打ち講習会をやったので、二〇会sいただきます。次回は三〇会sで余った野菜の苗を譲ってください」などの取引は行いません。相互が必要なときに直接交流するようになりました。そうした関係が生まれれば、いちいち「会」という不慣れなモノサシで貸し借りを記録するのが面倒になります。

もう一つは、事務局の機能停止。なるべく手間がかからず永続的なシステムになるようにインターネットを活用したまではよかったのですが、将来NPO法人になることを見越して組織した以上、会費の徴収はじめ、年一回の総会の開催などを規約で決めていました。発足とともに私が代表を務めていたのですが、こうした事務運営・リーダーシップはもっとも不得意とするところ。約一〇名の運営委員も、上手く取りまとめられませんでした。

システム自体も、なくてはならないというほど活用され続けたとも言い切れず、利用者が徐々に減っていきます。そして、やがて予算がなくなり、ゆっくりとフェードアウトしていったのです。私の不徳のいたすところであり、力不足でした。

4　たった一度のマイ醤油プロジェクト

自家製大豆と小麦のオリジナル醤油

ＬＥＴＳ会津に集った人たちのキーワードは「会津が好き」。そのつながりのなかで、新しい試みにチャレンジしようという機運が盛り上がりました。思いついたのがオリジナル醤油の開発です。これは私自身の夢でもありました。自分たちの大豆と小麦、そしてこだわりの塩を使って、昔ながらの木桶でじっくりと醸した醤油を地元の醤油屋さんに造ってほしい。こう書いているだけで、よだれが出てきます。

東京に住んでいたときは、ファストフードありジャンクフードあり、外国産だろうが冷凍食品だろうがOKで、食にこだわりはなかったのですが、この世界に入ってから一八〇度変わりました。米、野菜、卵、味噌と自給してきたけれど、醤油はむずかしいのです。同じ大豆を使った発酵食品でも、麹の作り方が違って、味噌のようには手軽に造れません。

そこで、自分で作った大豆と小麦を持ち込んで、オリジナル醤油を造ってもらおうと考えました。実はこれも霜里農場が先行して行っていて、農場の小麦と金子さんの農業者大学校時代の同級生が作る大豆を使った「夢の山里」というオリジナル醤油があります。

かつての不摂生からすると説得力に欠けますが、調味料こそもっとも重視するべきというのがいまの私の持論です。採れたての甘いほうれん草のおひたしでも、まずい醤油をかけてしまえばだいなしですから。多少高くてもよいので、調味料にはこだわりましょう。

高いといっても、せいぜい一ℓ一〇〇〇円程度で、数週間はもちます。同じ値段と量のお酒なら、ときには一晩で飲んでしまうでしょう。同じ一〇〇〇円を払って食にこだわるなら、醤油に投資するほうが正解。造り酒屋で働いていても、そう考えます。

調べてみると、会津にはたくさんの醤油製造業者があるものの、自社工場で全工程を造っているところは少ないことがわかりました。多くは濃縮された醤油の素を福島県醤油醸造協同組合から購入し、水で薄めて、自社ラベルを貼って出荷しているというのです。まして、昔ながらの製法を守り、木桶を使って仕込んでいるところはほとんどないとのこと。

ところが、そんな数少ないお醤油屋さんの一つが喜多方市内にありました。若喜商店という、蔵の街・喜多方でも珍しいレンガ蔵を所有する老舗です。喜多方では、蔵持ちの大家は「だんな衆」と呼ばれます。若喜商店はそのだんな衆の一人。私のような一見さんが行ったところで、怪しまれるに決まっています。そこで、同じだんな衆である大和川酒造店の佐藤さんにお願いして、紹介していただきました。倉茂さん、二〇〇一年に脱サラして山都町賢谷《かしこだに》地区に就農した永井秀幸さんと三人で訪れると、対応してくれたのは専務の冠木《かぶき》紳一郎さんです。物腰が柔らかく、穏やかな雰囲気の、まさに「だんなさま」です。

早速、事情を説明し、材料を持ち込んでの醤油の委託醸造をお願いしました。若喜商店では「天然醤油」と銘打って、会津産小麦と大豆を使った醤油を販売していました。そのコンセプトで私たちの原料を使って醤油を仕込んでほしかったのですが、なかなかウンと言ってくれません。

というのも、醤油の仕込みにはとても手間と人手がかかるので、天然醤油は年間で二〇石(一石＝一八〇ℓ)の桶一つに一本しか仕込んでいないとおっしゃるのです。私たちの分の仕込みを引き受けると、仕込む量が一気に倍の二本になるし、まして委託なんて受けたことがないので、二の足を踏んだのでした。その事情は理解できますが、だからといって他に頼れるところはありません。結局、粘り腰というか、なかば強引な交渉が実り、委託醸造という形で仕込んでいただくことになりました。

塩にもこだわる

今度は私たちの段取りです。若喜商店の蔵には二〇石サイズの木桶しかありません。一八〇ℓの二〇倍、つまり三六〇〇ℓの巨大な桶に仕込むのです。当然、必要な原材料も膨大です。小麦六八〇kg、大豆八三〇kg、塩六一〇kg、もろみ総量は一六石(約二八八〇ℓ)。そして、昔ながらの醤油はじっくり発酵させるので、完成は二年後。予定量は、四合瓶(七二〇㎖)で三〇〇〇本程度になります。

でも、原材料の調達については心配無用。LETS会津で培った人脈で、自給用に大豆を作っている人たちはたくさんいます。小麦は、そのころ設立された大和川酒造店の農業部門である「ふれあい農園」が遊休農地で作っていました。問題は塩です。若喜商店では、天然醤油には赤穂《あこう》の天塩《あましお》を使っていましたが、私たちはもっとこだわった純国産を使いたいと思っていました。それは自然海塩「ごとう」です。

ごとうの製造者は、長崎県の五島列島で田舎暮らしを始めた歌野敦さんたちが中心となって設立した「ごとう塩の会」。五島列島の澄み切った海水を釜炊きで煮詰めた、昔ながらの塩です。塩を煮詰める際には、にがりが出ます。豆腐屋の小原さんが東京在住時から歌野さんと知り合いで、豆腐の原料としてこのにがりを仕入れていたのが、縁の始まりでした。

塩事業センターが発売している塩は海水を電気分解して純粋な塩化ナトリウムを抽出したものので、純度は九九・九％以上。化学塩とも呼ばれています。これに対して、ごとうの塩のように海水をそのまま煮詰めた塩を自然海塩と呼び、「海の精」などが代表的です。一般にもたくさん流通している伯方《はかた》の塩や赤穂の天塩も、同様に呼ばれています。ただし、オーストラリアやメキシコの海水を天日で干して結晶化させた天日塩を輸入し、いったん海水で溶解してから再び煮詰めて結晶させており、厳密には純国産の塩とも自然塩ともいえません。

一方、ごとうの塩は純国産ですし、海水のミネラル分が豊富に含まれているので、醤油にも微妙なうまみが加わってくれるはずです。

出資者を募る

自分たちが育てた農産物で醤油を造るのですから、小麦と大豆の値段は自分たちで決められます。ここもマイ醤油にこだわったポイントです。仮に若喜商店に通常の天然醤油用の材料として提供すれば、簡単に自分たちの醤油ができます。しかし、小麦や大豆の価格は、通常ＪＡから購入している安い価格と同じになり（国産小麦を守るために、国は生産者から高く買い上げ、実需者に安く売っています）、とても再生産可能な価格では販売できません。

私たちは、小麦と大豆をそれぞれ一kg二〇〇円と四〇〇円という納得のいく価格に設定しました。そして、若喜商店に支払う委託料と若干の事務局経費を加算した結果、マイ醤油プロジェクトには約二一〇万円が必要なことがわかりました。

この二一〇万円をどう調達すればよいのか。また、四合瓶約三〇〇〇本をどうさばけばよいのか。相変わらず乏しい資金しか持ち合わせていないし、現金決済の世界にLETS会津は通用しません。ひぐらし農園で販売できる量は限られます。

そこで思いついたのが出資方式でした。一口一万円の出資を二一〇口募り、醤油完成後に一万円分、すなわち出来上がり本数÷二一〇口分を渡すというものです。途中にトラブルがなく、予定どおりの量ができれば、一四本お渡しできるはず。出資というより、前払い金と言ったほうがよいかもしれません。お金を集めるには組織の名前があったほうがよいだろうと事務局三人で話し合った結果、「おらいの醤油の会」に決定しました。「おらい」とは、会津の方言で「私」ですから、マイ醤油の会という意味です。

次は参加者の募集。もちろん、LETS会津の人脈が頼りです。また、現金の移動を少なくするために、大豆や小麦を供出した人は、その代金相当をなかば強制的に口数にカウントしました。たとえば大豆一〇〇kgを供出した場合、単価が一kg四〇〇円ですから、四万円＝四口の出資です。こうして二一〇口は案外すんなりと集まり、資金と販路の問題はクリアできました。

一本一〇〇〇円の醤油は絶品

この企画は、儲けるのではなく信頼関係を前提として進めていたので、出資者＝おらいの醤油の会会員をはじめ冠木専務にも、資金の流れをすべて公開していました。当然、四合瓶一本が一〇〇〇円程度になることも。その値段について同業者の集う組合で冠木さんが話したところ、「一本一〇〇〇円の醤油を買う物好きなんているのか」と笑われたそうです。

たしかにスーパーに行けば、驚くほど安価で醤油が売られています。でも、ラベルに記載された原材料を見れば、小麦・大豆はほぼ一〇〇％が外国産ですし、大豆にいたっては食用油を搾った後の脱脂大豆を使っています（考え方によっては有効利用でしょうか）。塩はミネラル分のない化学塩です。発酵期間は数週間と短く、こくやうまみが足りなければ化学調味料を加えます。

消費者が安い醤油を求めた結果こうなったのか。それとも、醤油業界がコスト削減と技術革新の末にこうしたのか。その議論は別の機会に譲るとして、市場経済の荒波のなかで、美味しい醤油という「使用価値」が、完全に「交換価値」を下回っているのが、現在の醤油業界なのでしょう。一方、私たちが求めている本物の醤油は、一本一〇〇〇円してもおかしくないと思います。きちんとした原材料を使い、二年も熟成させるのですから。

若喜商店では一度に三〇〇〇本をまとめて瓶詰する設備がないため、搾りは三回に分けて行われました。仕込みが二〇〇三年二月、一回目の搾りは二夏過ぎた〇四年秋、二回目は〇五年秋、三回目は〇六年一月です。

出来ばえは予想以上でした。すでに天然醤油を味わっていたので、若喜商店の醤油の特徴はわかっていたのですが、実際に搾ってみて大満足。色は普通の醤油と比べてやや薄く、琥珀色のなかに上品な香りと甘みがあり、食材を引き立たせる味でした。まさに絶品です。

ただし、味覚は個人の好みによって評価が大きく変わります。塩を提供していただいた歌野さんの人脈から、九州方面の出資者も多くいました。日本酒と同様に、醤油も地域によって相当に味が違うし、食べ慣れているものが一番美味しいと感じると言われます。どうやら九州の醤油は甘いのが一般的らしいので、この味に満足してもらえるのか心配でした。ところが、実際には大好評。「美味しい、もっとほしい」という声が殺到しました。ひぐらし農園の消費者にも評判がよく、あっという間に在庫がなくなるほどでした。

これに気をよくして、委託醸造を続けてもらえるように交渉しましたが、今度はどうしても首を縦に振っていただけません。委託醸造ですから、木桶の中で発酵中のもろみは若喜商店のものではありません。人様のもろみ（約二〇〇万円分）を二年間も預かっているのがなんとも心臓によくないので、勘弁してほしいというのです。喜多方近辺では昔ながらの醤油を造っているところは他にはないし、あの味は若喜商店でしか出せません。こうして、マイ醤油プロジェクトは惜しまれながらも一回で幕を降ろしたのです。

倉茂さんはこれで目覚めたのか、以後麹マニアと化し、ついには自宅に小さな麹用の室《むろ》まで設けました。そしていま、味噌用の麹はもちろん、醤油用の麹まで造っています。夢と消えたマイ醤油プロジェクトですが、これに便乗しない手はありません。現在ひぐらし農園では小麦と大豆を倉茂さんに預けて加工してもらい、出来上がった醤油用麹を自宅に持ち帰って塩水に入れ、軒先で発酵熟成させる、究極のマイ醤油を楽しんでいます。ただし、残念ながら少量のため、かつてのようにみなさんにお分けはできません。

5　農的ひきこもりからの脱却

稲の出来がよくない

地域通貨の消滅とマイ醤油の継続が上手くいかなかったことは、意外と自分の心に重くのしかかってきて、外に向かうエネルギーが落ちていくのが自分でもわかりました。ちょっとしたひきこもりに近い心境です。さらに、二〇〇一年にJAS法に基づく有機JAS制度が始まり、その賛否をめぐって近隣の有機農家と有機農業に対する意識のずれを感じるようになり、孤立感が膨らんでいきました。

とはいえ、就農五年目の二〇〇〇年には農業収入のウエートが増え、農業収入のほうが多い第一種兼業農家になりましたから、田畑を耕さなければ生活に影響します。完全に部屋に閉じ込もっていたわけではなく、農作業にはそれなりに励んでいました。

一方で、このころから農産物の出来不出来、とりわけ稲作に関して田んぼごとの出来の差が激しくなります。ある田んぼでは、一反で二俵にも満たない年さえありました(現在は平均して五俵弱)。前にも述べたとおり、慣行栽培についていえば、稲作技術の完成度はとても高く、よほどの悪天候かヘタクソでないかぎり、周辺の平均収穫量や品質との大きな差は生まれません。しかし、有機栽培の場合は違います。気候風土や地形、耕作面積、機械の大きさ、周辺の環境、土質などの要因にあわせて、微妙に栽培方法を変えていかなければなりません。

もちろん、そうした眼力が私に十分に備わっていたわけでありません。それにしても、上手くいった年と同じようにやっているつもりなのに、生育が芳しくなく、収穫量が確保できない田んぼが散見するようになりました。ひどい年は田植え後、苗がほとんど成長しません。ヒョロヒョロとした稲は根が張っておらず、いつまで経っても、引っ張るとスッと抜けてしまうのです。

自家製肥料の成分や完熟度がはっきりしておらず、不確定要素が多いという事情もあり、不作の原因の確定も容易ではありません。当初、肥料の発酵が未熟なため、田んぼへ投入後に腐敗して、移植した稲の根を焼いてしまっているのではないかと考えました。そこで、発酵方法を好気性から嫌気性に変えてみる、つまり田んぼと同じ空気が遮断された状態で発酵させた肥料を作るなど試してみましたが、どうもはっきりしません。そのうち、イネミズゾウムシが原因ではないかと疑いだしました。

イネミズゾウムシは、日本では一九七六年に愛知県で最初に確認されたアメリカからの侵入害虫です。その後、急速に全国に分布域を広げました。越冬した成虫が田植え後に稲の苗に取り付き、葉を食べた後に稲の根に産卵し、今度は幼虫が根を食べるのです。その結果、稲の生育を遅らせ、茎の数が減少し、収穫量が低下します。

移住したころはあまり見られなかったのですが、いつの間にか猛威を振るうようになっていました。早稲谷のような隔離されていた環境にも、彼らは着実に迫っていたのです。成虫はおもに、畦畔や雑木林で越冬します。稲の苗に取り付くころには羽は退化し、移動は歩行のみ。だから、畔が多く、区画が小さな山間部の田んぼほど被害を受けやすいのです。

殺虫剤を使わない有機農法ではその対処法は大きな課題となっており、農業試験場レベルでもまだ十分に確立されていません。それでも最近は、田植えの時期を遅らせたり、代かき直後に侵入を防ぐ壁を畦波シートで作るなどの対策が功を奏し、被害はほぼ解消されてきました。

収穫量の乱高下は、さらに大きな問題を生みました。それは消費者とのつながりが薄れるということです。農産物は必ず、毎日口にします。ひぐらし農園の野菜や米を買ってくださる方には、責任をもって途切れることなく供給したい。しかし、野菜は冬に途絶えるし、お米も新米が穫れるまで在庫がもたず、途中から注文に答えられない年がありました。消費者はその間、他から農産物を購入しなければなりません。せっかくの縁が途切れてしまうことが多々ありました。

　そうした状況が、さらに私の気力を奪っていきます。やや大げさに言えば、農的ひきこもり状態となり、農業技術や営農に対するあくなき探究心が消えてしまいました。農業者にとって、他人の田畑の観察ほど勉強や刺激になることはありません。それができなくなったのです。自分の田畑と比べることが苦痛だし、何を聞いて、何を参考にしたらよいのか、わからなくなり、就農当初のエネルギーをすっかり失いました。なんとなく漫然と農作業を続けていた感は否めません。

「農を変えたい！全国運動」との出会い

　そんなとき、二〇〇七年二月に行われる「農を変えたい！全国運動in滋賀」で堰浚いボランティアについて発表してみないかと誘われました。声をかけていただいたのは吉野隆子さんです。フリーライターで、当時は日本有機農業学会の事務局を務め、「農を変えたい！全国運動」の実行委員も兼ねていた彼女と初めてお会いしたのは、大和川酒造店でした。私が会津に来て四年目の一九九九年です。

　彼女は日本酒の取材のために訪れ、Iターンの蔵人というちょっと変わった経歴の私に興味をもち、話すうちに、共通の知人が何人もいることがわかりました。それ以降、堰浚いにも注目していたそうです。ちなみに彼女は、名古屋で毎週土曜日に行われている「オアシス21オーガニックファーマーズ朝市村」の仕掛け人でもあります。

「農を変えたい！全国運動」とは、「有機農業推進を基軸としながら農と食と環境についての新しいあり方を創っていこう」（中島紀一『有機農業政策と農の再生』コモンズ、二〇一一年）と、自給率の向上や有機農業の促進、地産地消の実践などを提唱する、二〇〇五年から始まった草の根の運動です。毎年地域を変えて、集会が行われていました。全国で有機農業を実践する人たちがリレー形式でメッセージを発信する「リレートーク」のコーナーで、私は堰浚いボランティアの取り組みについて発表することとなったのです。基調講演は金子さんで、久しぶりの再会となりました。

日本有機農業学会での発表

私の発表には多くの方たちが興味をもっていただき、これを機に参加者や大会実行委員会の方々と新たな交流が生まれていきます。さらに「農を変えたい！全国運動」では東北版も毎年あり、二〇〇九年の福島大会では実行委員に加わりました。その結果、福島県の有機農業者と知り合いとなり、情報を交換する機会が増えていきます。なかば強引に有機農業界の表舞台に引きずり出された感はあったものの、やはり外に出て多くの人たちと交流するのは楽しいものです。こうして、少しずつひきこもりから脱却していきました。

さらに、この福島大会が縁で、独立行政法人農研機構・東北農業研究センターの有機実践圃場の試験区に協力することになり、いろいろな方の前で自分の田畑を見せて説明する機会が増えていきます。こうなると、うまくできないからと引きこもるわけにはいきません。再び、情報収集や新しい技術へ取り組む姿勢を心掛けるようになったのです。

6 めざせ！「もりの案内人」

植物や森についてもっと知りたい

本木上堰の早稲谷世話人になって以来、格段に水路とのかかわりが深くなりました。役員ですから、水路やその周辺をこまめに歩きます。だんだん、水路の周辺をはじめ、早稲谷、さらに会津の植物に対して興味をもつようになりました。

登山に夢中だった学生時代、私は登ることばかりが頭にあって、珍しい植生や周囲の植物には無関心でした。高山植物を少しは知っておこうと図鑑を買ってみましたが、まったく花の名前が頭に入ってきません。ところが、早稲谷に住んで以降は、植物の名前、用途、特徴に俄然興味をもつようになり、世話人になってその度合いが加速していきます。

とはいえ、周辺の里山に関する根本的な知識や情報が私には足りません。樹木や草花の種類は膨大ですし、それを上手に利用した生活を知る人はいまや高齢者のみです。早稲谷は自然が豊かであると自慢したところで、何が植えられていて、どんな生物が生息していて、それらをどう生活のなかで生かしているか知らなければ、宝の持ち腐れでしょう。また、水路の保全には、一見田んぼと関係のない周囲の里山の有効利用が重要だと感じるようになりました。

そこで、福島県が主催している福島県「もりの案内人」養成講座を二〇一〇年に受講してみました。これは一九九七年に福島県が開設した「森林環境学習や森林づくりなどの森林とのふれあいを通して、森林の役割や重要性を県民の皆さんに広く伝えるボランティアによる指導者」を養成する講座です。これまでに約四〇〇人の卒業生を輩出しています。

私がお会いした方たちは、多岐にわたる知識に加えて、参加者の関心を惹きつけるテクニックも持ち合わせたプロフェッショナルでした。小学生のために企画した本木上堰自然観察会のときにお呼びした方は、同行していた地元の人も気づかない、時代の流れのなかで置き去りにされていた記憶を呼び起こしてくれました。たとえば、かつて子どもたちが野山を駆け回りながらおやつ代わりに食べていた木の実について話したり、崩落で姿を現した亜炭から、鉱山、坑道、当時の子どもたちの探検へと話を広げたり……(本木地区は戦前、亜炭と呼ばれる比較的質の悪い石炭の採掘が盛んだったようで、いまでも坑道があちこちに残っています）。

里山再生に向けた活動

会津の里山ではここ数年、カシノナガキクイムシ（以下「カシナガ」）の食害によるナラの立ち枯れが目立つようになりました。カシナガは樹木に棲む体長五㎜程度の甲虫で、繁殖のためにナラの木に取り付くと、自ら掘った孔道にラファエレア菌（通称ナラ菌）を培養させます。それが原因でナラは根から水を吸い上げられなくなり、わずか一カ月ほどで枯死してしまうのです。お盆過ぎに突然紅葉のようにナラの葉が赤くなるのは、カシナガの影響です。

ナラ枯れは以前からおもに南日本で見られたものの、数や発生場所は限られていました。ところが、徐々に北上し、近年は東北地方、とくに会津で激増しています。理由は明確にはわかっていません。ただ、人間が山に入らなくなり、樹木の更新がされなくなったのが一つの要因ではないかといわれています。実際、被害木の多くは樹齢四〇～五〇年の太いものです。こうした樹齢の木は、薪や炭焼きに使われて二〇～三〇年での更新が当たり前だったころには、多くありませんでした。

この立ち枯れた木が、本木上堰に大きな被害をもたらしています。堰の周辺は典型的な日本海側の植生です。早稲谷集落付近はコナラ、ホウノキ、栗、カエデなどが中心で、上流部へ行くとミズナラ、ブナ、栃などが多くなります。かつては、薪や炭焼き、あるいは生活資材の材料としてこまめに伐られ、再生を繰り返してきました。しかし、近年は人の手が入らなくなり、太い木が増えています。これらはカシナガの絶好の繁殖地です。

早稲谷周辺ではこの五年ほどで、カシナガによる被害木が目立つようになりました。木が枯死すれば、根も腐りだします。がっしりと大地に根を張り、急斜面の土を支え続けていた木が、どんどん死んでいっているのです。ひとたび大雨に見舞われれば、緩んだ地盤を支え続ける力は残っていません。大雨のたびに、株ごと地すべりを起こして水路を塞ぐ木が増えています。それを防ぐためには、長く放置され、すっかり大きくなったナラたちを更新させなければなりません。つまり、昔のように山に人の手を入れる必要があります。

とはいえ、里山の復活は決して簡単ではありません。まずは、現場を歩いて、現状を多くの人に知らせ、一緒に考えることです。その第一歩して、堰沿いを歩くツアーを頻繁に開こうと思っています。「もりの案内人」講座への参加は、そのノウハウを得るためのスキルアップです。そして、機が熟してきたら、本木上堰周辺の里山再生のための仕掛けをつくりたいと考えています。

二〇一〇年に、ある大学院生が堰浚いのボランティア活動に興味をもち、論文を書く素材として、なぜ堰浚いに来るのかの動機を調査しました。それによると、参加理由は「楽しい」とか「面白い」というレクリエーション的な面よりも、「自分の活動が山村や景観の維持に役立っている」という使命感に起因していたのです。二〇〇四年から毎年企画している上堰自然探勝会には、参加者があまり集まりません。つまり、自然を堪能するだけでは使命感が満たされず、物足りないのでしょう。

そうであれば、堰浚いボランティアと同じように、里山再生のための企画が考えられます。幸い、そうした活動をされている「もりの案内人」の先輩たちがいます。高齢の広葉樹木を伐採し、薪や炭焼き、キノコの原木に利用する。藤の蔓など立ち木を弱らせるものを整理する。それらをとおして、水路を保全する活動の第二段階へ向かいたいと思っています。

第7章　山村の自然を生かした農業と暮らし

小学生と本木上堰で行った生き物調査

1 変質した農業

なぜ山間地？

早稲谷のような山奥で「農業をやっています」と言うと、その場所を知る会津の人には必ずといってよいほど、真剣な顔で言われます。

「なんで、そんな条件の悪りぃとこで農業をやってんだ」

「あった山奥で、農業なんて、できんの？」

たしかに早稲谷は、お世辞にも条件のよいところとは言えません。それでいて、車で一五分も行けば会津盆地の平坦部です。そこは、同じ山都町内かと目を疑うほど環境がガラリと変わります。肥沃で広大な農地が広がり、山や立ち木で日照が遮られることもありません。自由に就農地を選べるのに（本当に自由かというと、必ずしもそうではないのですが）、わざわざ条件不利地、あるいは失敗しやすい地域を選ぶということが地元の人には理解できないわけです。

農家に生まれた人でさえ多くは、代々続く家業である農業を選びません。私のように職業選択の余地があるにもかかわらず、なぜ、農業という職業を選択したのか。さらに、なぜ、早稲谷のような条件不利地を選んだのか。もう少し論点を広げれば、なぜ、私は山間地での農業にこだわろうとしているのでしょうか。

ここでは、まず、社会において農業がどんな役割を果たしているのかを考えたいと思います。食料の生産だけではない何かがあることは、一七二ページで述べたように、採算割れになっても続けられている稲作の例をみれば想像がつくでしょう。

「民の公共」としての農業と、その変質

哲学者の山脇直司氏は、著書『公共哲学とは何か』(ちくま新書、二〇〇四年)で、従来の公私二元論、つまり国家や政府が担い手の「公」と、私益を追求する人びとの活動の場である「市場」のどちらにも当てはまらない、「民(人びと)を担い手とする公共」という観念が広がりつつあると指摘しています。彼は、それを公私二元論に代わる「政府の公／民(人びと)の公共／私的領域」の相関三元論と表しました。成熟し、複雑化した世界において、公私二元論には限界があり、「民の公共」によってその限界を乗り越えようというのです。

農業は市場経済のもとで、営利を目的とした私的な営利活動とみなされてきました。しかし、農業には食料を生産して収入を得るという私益以外の役割があります。それは、公共事業のような「政府の公」とは明らかに異なるものです。公でも私でもない「民の公共」的なものが農業にはあります。それを「農業の社会的役割」と呼ぶことにしましょう。

「農は国の本なり」という言葉に象徴されるように、農業が国を支える、国民の生活を支える根本であるという考え方(農本主義)は、戦前には一般的だったと思います。実際、生活の基

本である衣食住が占めるウエートが大きかった時代です。とはいえ、当時の社会は公私二元論で説明できました。「政府の公」が大きな役割を担い、「私的領域」では農業が大きな位置を占めていたからです。一部の都市を除いて、食料はもちろん燃料や生活用具の大半は農地や自然から得られていたので、農業の社会的役割をあえて考える必要もありませんでした。

一方、私が農業に関心をもち始めた一九九〇年ごろの状況はまったく違います。農業はいわゆる三Kの代表格として扱われ、時代遅れで儲からず、後継者は減少し、高齢者が支えているという、マイナスイメージの塊でした。おそらく、そうなった転機は、一九六〇年代以降の高度経済成長と、六一年に制定された農業基本法でしょう。

戦後の混乱期、絶対的な米不足のもとで、国は農地改革を行い、自作農による食料増産をめざしました。そして、農薬や化学肥料が登場します。このころ、農業の社会的役割が生じてきたのではないでしょうか。それは食料の安定供給であり、工業立国の土台としての役割です。すなわち、大型機械の導入や化学化による規模拡大、単作、利益と効率を追求する「農業の工業化」でした。そして、余った人材を都市に移動させ、工場の労働者として吸収し、高度経済成長の基盤を形成したわけです。

やがて工業が軌道に乗ると、石油や鉄鉱石などの原料を輸入し、工業製品を輸出する加工貿易立国と技術立国をめざし、国際分業へと突き進んでいきます。農業は、自由貿易という枠組みのもとで、国際競争力のない、お荷物的存在に位置付けられました。この延長線上に、いま話題になっているTTP（環太平洋経済連携協定）があります。

その結果、農業が本来もっていた自然との共生や循環機能の活用などは、わずか数十年間で忘れ去られました。こうして生じたのが環境破壊であり、食を基礎とした地域文化の分断であり、農村という共同体の弱体化であり、耕す人たちの心の荒廃です。農業の社会的役割に即して言えば、市場経済の一部にすぎないという視点しかありません。言い換えれば、経済成長の下支えです。

しかも、農水省の農政も、こうした流れを止めるどころか、むしろ助長させるものでした。減反政策は農家の生産意欲を著しく削ぎ、大規模専業農家の育成は地域に亀裂をもたらします。さらに、農薬や化学肥料の多投、野菜の指定産地制度など単品作物栽培の奨励……。その一方で、後継者は育たず、耕作放棄地は増え、過疎が進行していきました。

「定常化」の時代と有機農業

しかし、バブルの崩壊が象徴するように、経済が停滞していくにつれて、状況は変わっていきます。経済成長によって表面化しなかったり、解決を先延ばししてきた矛盾が、露わになってきたのです。

一八六ページで紹介した広井良典氏は、人間の歴史を狩猟段階―農耕段階―産業化（工業化）段階の三つに分け、それぞれの段階で「拡大・成長」と「定常化」のサイクルを繰り返していると指摘しました(前掲『コミュニティを問いなおす』)。

産業革命から始まって高度成長期までは「拡大・成長」の時期に当たり、「人間が自然からエネルギーを引き出す様式が根本的に変化し、自然を〝収奪〟する度合いが増幅する時代」です。これに対して「定常化」の時期は、「資源制約の顕在化やある種の生産過剰の結果として、(中略)個人や文化の内的な発展あるいは質的深化とともに、(中略)コミュニティというテーマが前面に出る時代」と定義しています。

かつて過疎や高齢化は農村部を中心に語られていましたが、いまでは日本全体の問題です。まさに、拡大・成長によって表面化されなかった社会的な問題が、いま顕在化しています。現代社会は、人が余り、自然資源が足りない時代と言えるでしょう。私はそれへの適切な対応が農業であり、なかでも「自然を〝収奪〟する度合い」の小さな農業、すなわち有機農業にあると信じています。そして、直感的にそう感じる人は少なくありません。

最近、非農家出身の新規就農希望者が増えてきました。東北農政局によると、東北地方での新規参入者(他産業から参入し、新たに経営者になった者)は、二〇〇六年の八一人から、二〇一〇年には二九〇人と三・六倍に急増しています。これは就農者だけの数値ですから、農的暮らしを含めると裾野ははるかに広いでしょう。

２　農業の六つの社会的役割

農業のもつ高い公共性

私の就農チャレンジは、まさにその体現です。早稲谷という地域コミュニティに組み込まれることで、農業の多様な機能を実感すると同時に、それらが存亡の危機に瀕していることも明確にわかりました。私がムラに住み、耕し、堰浚いボランティアなどの活動をとおして考えてきた農業の社会的役割は、次の六つに整理できます。

①食料の安定供給
②地場産業・地域雇用の創出
③生物多様性の維持
④水田・里山・森林の水源涵養機能と洪水防止機能
⑤コミュニティによる伝統的な景観、文化、福祉の維持
⑥人間とケモノの境界の明確化

これらは、すでに多くの人たちが指摘してきました。たとえば経済学者の宇沢弘文氏は、農村と農業を社会的共通資本、すなわち「一つの国ないし特定の地域に住むすべての人々が、豊かな経済生活を営み、すぐれた文化を展開し、人間的に魅力ある社会を持続的、安定的に維持

することを可能にするような社会的装置」(『社会的共通資本』岩波新書、二〇〇〇年)と位置付けています。彼らに共通しているのが、農業はきわめて公共性の高いものであるという認識です。以下、農業の六つの社会的役割について、私の視点で考えていきたいと思います。

食料の安定供給

もっとも重要で、基本的な位置を占める社会的役割です。日本の食料自給率は三九%。先進国のなかで、とりわけ低いと指摘されます。ただし、より重要なのは、実際にどの程度の食料を日本が必要としているかです。

仮に国際社会に大きな影響を与えない数量であれば、何とか海外から調達できるかもしれません。しかし、日本は人口一億二〇〇〇万人を超える大国です。これから中国やインドなどの経済発展や気候変動で世界の食料事情が逼迫していくことが明確である以上、日本の食料自給は国際社会の安定という観点からも求められます。また、いざというときに全国民の食をまかなえる体制をつくることは、国家として不可欠でしょう。

そのためには、少なくとも主食の米は一〇〇%の自給率を守らなければなりません。水稲は連作が可能で、面積あたりの収穫量も他の穀物と比べて格段に高いのですから。農水省の試算では、仮に食料輸入がストップした場合、日本の耕地をフルに活用すれば、現在とさほど変わらない一日一人あたり二〇二〇キロカロリーが確保できるそうです。もっとも、メニューの中心は米と芋になりますが……。

そうした非常時のために、そして近い将来に間違いなく起こる世界的な食料不足への備えとして、滋賀県とほぼ同じ広さにまでなった耕作放棄地の増加と農業就業人口の減少を食い止めなければなりません。それが、国内のみならず世界に対する社会的役割です。

地場産業・地域雇用の創出

地域の特性を生かした地場産業を活発にするためには、地方の基幹産業である農業の役割が大きくなります。たとえば会津では、清酒醸造業や食品加工業が伝統的に盛んです。また、グリーンツーリズムに象徴されるように、観光業の盛衰にも農業が深くかかわっています。しかし、私の体験からすれば、農業の地場産業・地域雇用に関する社会的役割はこれだけにとどまりません。

これまで多くの地方では、工業の誘致に力を注いできました。誘致のセールスポイントは土地と人件費の安さです。会津の賃金も首都圏と比べると大幅に低く、パートの時給は福島県が定める最低賃金の六六四円(二〇一二年九月現在)に近い額です。それでも暮らしが成り立つのは、住宅費をはじめとする物価の安さに加えて、地縁・血縁社会だからでしょう。

地方在住者の多くは、実家で父母や祖父母が農業をして食料の多くを自給しています。少なくとも、親戚の誰かは食の生産に関連しているはずです。三世代同居率や持ち家比率の高さを含めて、食と住のセーフティネットが存在しているからこそ、低賃金でも生活できるのだと思います。兼業農家が成り立たなくなり、地縁社会が崩壊すれば、地域の包容力は失われ、現在のような低賃金では生活できません。そうなれば、都市部に人口が一層流出し、地域の衰退が進みます。

喜多方市でまちづくりや地域活性化に取り組む人たちはこのことをよく理解し、シャッター通りと化した中心部の活性化には、周辺農村部の活性化が必要だと主張しています。農業は地域の経済と暮らしの基礎であり、農業抜きに地域経済を語ることはできません。

生物多様性の維持と農業のスタイル

生物多様性条約では、「生物の多様性」を「すべての生物の間の変異性をいうものとし、種内の多様性、種間の多様性及び生態系の多様性を含む」と定義しています。そして、農水省は二〇〇七年九月に「農林水産省生物多様性戦略」を策定しました。そこでは、農林水産業について、次のように述べています。

「人間の生存に必要な食料や生活物資などを供給する必要不可欠な活動であるとともに」「多くの生きものにとって貴重な生息・生育環境を提供し、それぞれ特有の生態系を形成・維持するなど生物多様性に大きな役割を果たしている」

一口に生物多様性と言っても、人間の手が入った里山や農地と、原生林や湖沼、河川などを同列には扱えません。ここでは前者について考えていきます。農業がもっとも自然と接する機会が多い生産行為であることは間違いありません。ただし、農業のスタイルによって生物多様性のありようも変わってきます。

大規模な農業や単一作物の栽培では、農薬や化学肥料を大量に投入するのが一般的です。多くの種類の生命体が共生している状態を生物多様性の理想とするならば、単一作物が優先する圃場では、そのバランスが著しく崩れます。その結果、ある作物を好む病原菌や害虫が大量に発生しがちです。仮にそのまま放置すれば、自然の法則に従って淘汰が起き、やがて安定した状態にゆきつくでしょう。でも、それでは目的である作物の収穫は望めません。

そこで農薬を散布するわけですが、やがて農薬に抵抗性をもつ病害虫の個体群が増えていき、新たな農薬を撒くという、いたちごっこを繰り返します。その過程で、もともと少なかった益虫や小動物は環境の悪化でますます減少するでしょう。こうして、大規模な単一作物栽培の農業では、生物多様性が失われていきます。

では、農業による理想的な生物多様性とはどういう状態でしょうか。キーワードとして、二つあげたいと思います。一つは種内の多様性、もう一つは生態系の多様性です。

種内の多様性を維持する

人類が長年育ててきた作物の多くは、野生の植物から人間の都合に合わせて選抜あるいは品種改良してきたものです。それらが気候や土質に適した作物として大切に受け継がれ、食文化に寄与してきました。交通手段や貨幣経済が発達する以前は自給が基本ですから、多種多様な作物が各地で栽培されていたはずです。そうした在来種は、同じ種でも、人間でいう体格や性格、顔の違いのように、さまざまな個性があります。

在来種の庄右衛門インゲン

　しかし、日本では高度経済成長以降、在来種は急速に駆逐されました。全国的な市場で高く評価される農産物＝強い換金作物へのシフトが起きたためです。そうした新品種は必ずしも育てやすくないし、美味しいとも限りません。特定の農薬や化学肥料の使用を前提に改良されているからです。

　これに対して有機栽培の場合、在来種のほうが優れていると思えるときが多くあります。たとえば山都町の場合は、昔から作られてきた平ざやインゲンです。庄右衛門さんという老人が種取りをして守ってこられました。地元の人は単にササギと呼び、私は庄右衛門インゲンと呼んでいますが、とても素晴らしいインゲンです。樹勢が強く、着果数も多いうえに、形も味もよく、育てやすい。会津の風土に合ったこのインゲンは、私たち新規就農者の主力農産物となりつつあります。

また、新品種の多くはＦ１と言われる一代交配種です。したがって、農家は毎年種子の購入を余儀なくされます。その究極が遺伝子組み換え作物です。さらに最近では、遺伝子組み換え作物と自然交配した作物も、知的財産権の侵害という理由で、海外では栽培禁止の処置がとれるようになりました。その背景に、種子を独占し、遺伝子を私有化しようとするアグリビジネスの目論みがあるのは明らかです。

現在は禁止されている遺伝子組み換え作物が日本でも栽培されるようになったとき、さらなるモノカルチャー化が促進され、篤農家が育んできた在来種が完全に失われる可能性が大いにあります。その結果として起きるのは、農作物の多様性の喪失と、単一作物栽培による田畑の生態系の悪化です。在来種を作り続ける。そして、私企業による種子の独占と遺伝子の私有化を防ぐ。その取り組みが生物多様性の維持につながっていきます。

生態系の多様性を維持する

人間の営みの多くは、利用という名の自然からの収奪です。一方、有機栽培のような本来の農業の場合は、稲わらや野菜くずも自然に戻そうとします。すなわち循環の重視です。

畑には畑に合った循環が、田んぼには田んぼに合った循環があります。これらは、人間の手が入ることによって成り立つ独自の生態系です。農業を通じて、土壌微生物をはじめ、多くの生命体がかかわる生態系が維持され、機能します。ただし、人間が生態系を支配するわけではありません。人間は自然の力を借りずには生存できないという謙虚な心が必要です。その精神と地道な営みこそ、数千年続いてきた人類の英知の結晶であり、農業の理想の姿でしょう。

しかし、現代の農業がこうした観点に立って行われているとは言えません。たしかに農家には、周囲の環境や多くの生命体からいのちの恵みをいただいているという有機農業的共生観が根強くあります。その一方で、人間にとって有用なもの以外は悪であり、そうした要因を化学的に排除すればより効率的で安全に作物を得られる(この場合、収奪に近い)という考え方も少なくありません。

とくに、近代農法はこの傾向が強く、農水省も先の「農林水産省生物多様性戦略」で、負の影響として農薬や化学肥料の多投を反省しています。生態系ともっともかけ離れているのは、植物工場で育てられる野菜でしょう。こうした生物多様性の視点を欠いた農法は、もはや農業とは言えず、社会的役割を担っているとも言えません。

このように農業による生物多様性の維持とは、人間の営みによって保たれるものです。そして稲作では、水の利用によって豊かな生態系を生み出します。水田は常に水が供給されているために酸素のない嫌気性状態となり、カビなどの病原菌が増殖できません。だから、連作障害が起きないのです。加えて、もともと豊かな生態系をもつ自然の湿地状態に近いので、水生植物や両生類、昆虫、微生物など多様な生物が育まれます。

水田・里山・森林の水源涵養機能と洪水防止機能

急峻な地形で、雨が多い日本。砂漠や禿げ山、あるいはコンクリートで覆われた都市部では、天の恵みである水は一気に海に流れ、場合によっては凶器とさえなります。

けれども、豊かな森林と手入れの行き届いた水田があれば、水はいったんそこに溜められ、一気に河川に流れ下ることはありません。その結果、土砂流失や洪水を防ぎ、溜まった水は地下へゆっくりと浸透していきます。また、水田は急激な気温の乱高下も防ぎます。農水省の試算によると、農地等の洪水調節容量は約七〇億トン。ダムの約五三億トンを三割以上も上回る数値です。

日本学術会議は二〇〇一年一一月に、こうした機能を一年あたりの金額に換算して発表しました(『地球環境・人間生活にかかわる農業及び森林の多面的機能の評価について(答申)』)。その金額を紹介しましょう。

水田の洪水防止機能＝三兆四九八八億円、水源涵養機能(うち河川流況安定機能)＝一兆四六三三億円、土壌浸食防止機能＝三三一八億円、水源涵養機能(うち地下水涵養機能)＝五三七億円、土砂崩壊防止機能＝四七八二億円、総計＝五兆八二五八億円。

これらは、水田から産出されるお米の総産出額一兆五五一七億円(二〇一〇年度)の四倍近い金額です。

コミュニティによる伝統的な景観、文化、福祉の維持

限界集落という言葉は、かなり一般化したでしょう。集落人口の半数が六五歳以上で、集落の生活インフラ（農道の道普請や水路の共同作業など）の維持が困難な集落を指しています。早稲谷もその一つです。

農村集落の多くは、農業や林業に都合のよい場所に人びとが自然と集まって形成されました。だから、集落のデザインは農林業を基礎に構成されています。一見不効率に見える山村集落でも、調べてみると家屋の配置も田畑の配置も合理的なことがわかります。早稲谷は東西に流れる谷筋に細く広がる集落です。日当たりのよい南斜面におもに田畑を配置し、傾斜地や日当たりの悪い場所に家屋が配置されています。食料を十分確保するために、自然とデザインされたのでしょう。

そこで何世代にもわたって、生活が営まれてきました。日々の営みが風景となり、美しい農村景観を創り、祭や風習など有形・無形の文化を生んできました。こうした景観は、観光資源として地域経済にも大きく貢献しています。それが生み出されたのは、農林業が営まれてきたからです。中山間地の農林業の維持と振興が、限界集落の増加を防ぎ、景観や地域文化を守る唯一の手段であることは間違いありません。また、こうした集落が行っている共同作業が自然災害を防ぐ社会的役割を担ってきたのは、すでに述べたとおりです。

農村の過疎と高齢化が進み、限界集落が生じた要因には、都市部への人口流出に加えて、三

世代ないし四世代同居の大家族から核家族への変化もあげられます。そして、一人暮らしの老人世帯が増えました。これ自体は、社会構造の変化として仕方のない面があるでしょう。

その結果、集落コミュニティに新たな役割が加わりました。それはセーフティネットです。早稲谷では、移動手段である車を持たない一人暮らしの老人が数人集まって共同で食事を取ったり、医者に通う際に車に乗り合わせるようになりました。いつもの散歩の時間に姿を見せない老人がいれば、ただちに誰かが安否確認に行きます。だから、孤独死とは無縁ですし、餓死する人もいません。また、老人たちは家に引きこもることなく、毎日のように小さな畑で汗をかきながら農作業を黙々とこなしています。集落コミュニティと農業が、限界集落に住み続ける老人の健康と生活に、大きな役割を担っているのです。

経済的に不採算という理由で敬遠される中山間地の農業でも、老人の小遣い稼ぎ程度であれば、潜在的余力は大いにあります。山都町に隣接する熱塩《あつしお》加《か》納《のう》町は、やはり高齢化が進んだ地域ですが、地元産の有機農産物による学校給食が有名です。お米はもちろん、ジャガイモ、玉ねぎ、人参などから、ちょっと珍しい野菜(ソーメンカボチャ、イモガラ、ニンニクの芽など)まで約六〇種類、地元産食材の利用率は約八〇%に及びます。小学校と中学校の児童・生徒合わせて三〇〇人程度ですから、一度に使う量は多くありません。

その供給の中心になっているのが農家の老人たちです。「子どもは地域の宝、子どもたちのために」という気持ちから、市場出荷用の畑とは別に小面積で多品目を栽培しています。

働き続けること、働き続ける場があること。それが老人の健康や生きがいにつながります。毎日何かやることがあるのが農村の暮らしです。それは高齢者の医療費の抑制に大きな効果があるでしょう。また、東日本大震災で明らかになったように、都市部のライフラインはきわめて脆弱です。一方、農山村では、たとえライフラインが一時的に途絶えても、食とエネルギーの自給度が高いために、都市部ほど一気に機能マヒには陥りません。人と人のつながりが強いから、簡単には孤立しません。それが未曾有の大震災で期せずして証明されました。これは特筆すべきことでしょう。

地域政策論で、よく集落の集団移転という話題が登場します。大半の限界集落は山奥で、地形的にどん詰まりの不便なところに散在するから、行政サービスの効率はよくありません。だから、集団で地域の中心部に近いところに移転したほうが効率・安全両面から得策だという考え方です。しかし、そこには、集落コミュニティの意義という視点が欠落しています。住み続けること、住み続けられることが何よりも重要であり、豊かで多様な社会や独自の文化とセーフティネットをつくりあげているのです。

人間とケモノの境界の明確化

早稲谷は奥山に接する山深いムラです。タヌキ、キツネ、イタチ、ハクビシン、穴熊、熊、カモシカ、猿などの野生動物が数多く生息しています。農産物の被害は深刻です。雪国なので、イノシシは生息していません。

ひぐらし農園ではここ数年、毎年のように鶏舎に熊が侵入し、大量の鶏が襲われています。畑ではタヌキやハクビシンなどによるトウモロコシの被害が続くほか、大豆畑にカモシカが現れ、先端部の軟らかい新芽が食べ尽くされることもありました。近年は猿が飯豊山麓から南下しているようで、五㎞ほど北の集落ではかなりの被害が発生しています。雑食性の猿は賢く、畑のあらゆるものを食べ尽くします。猿が来れば農業はあきらめろと言われるほどです。

鶏たちが熊に襲われた(2010年7月末)

こうした獣害は昔からあったものの、近年ほど深刻ではありませんでした。かつて炭焼きで早稲谷の山を闊歩していた山崎正光(一一四ページ参照)さんは、熊に遭遇したことは一度もなかったと言います。熊は本来、人を恐れ、里には近づきません。なぜ、ケモノたちがこれほど頻繁に現れるようになったのでしょうか。よく山が荒れたせいだと言われていますが、私はそうではないと考えています。むしろ、人間の生活圏が狭まったからではないでしょうか。

かつては、木を伐り、焼畑を行い、山菜を取り、狩猟をしていた山の民が、続々と山を降りました。ガスと灯油が普及し、柴や薪がいらなくなり、農家も山に入りません。減反や米価の低迷で、日当たりの悪い山あいの田んぼが真っ先に放棄されていきます。かつて、人間とケモノとの境界線は、はるか奥山にあったのです。それが人間の行動範囲が小さくなったために、ケモノたちが続々と里に進出してきました。

すでに一九九五年の農業センサスで、耕地の荒廃が原因で発生した被害として、トップに病害虫と並んで鳥獣害があげられていました。今後、さらに耕作放棄地が増えれば、獣害は平坦部に広がるでしょう。山村には、ケモノたちと人間が生活圏を奪い合う境界線としての役割もあるのです。

農業のもつ公共性を認識した政策

このように、農業にはさまざまな社会的役割があります。食料の安定供給だけを農業に期待するのでは、その潜在的な能力や多面的機能の大幅な過小評価です。コンクリートに囲まれた都会から移住して土や自然に接し、ムラで豊かな暮らしを営む人たちを見て、そう実感しました。私たち農家は、社会的役割＝民の公共を担っています。

幸い、大規模化一辺倒であった国の農業政策も少しずつ見直され、農業の社会的役割と公共性を認識した政策が登場しました。それが二〇〇〇年度に始まった「中山間地域等直接支払制度」と、〇七年度に始まった「農地・水・環境保全向上対策」(現在は農地・水・保全管理支払交付金)です。さらに、二〇一一年度からは「環境保全型農業直接支払制度」も始まりました。

これらの政策については、面積に応じて支給金額が決まるなど、平坦部の農家が優遇されている感もありますが、根底にある考え方には基本的には賛成です。農業の社会的役割・公共性が、政策にもっと反映されてほしいと思います。

こうした農業の社会的役割を考えると、人間が豊かな暮らしを続けるために農業がいかに重要であるかがよくわかります。農業を軽視した社会は、仮に経済的には豊かであっても、殺伐とした生きにくい社会です。そして、社会的役割をもっとも担ってきたのが有機農業であると言ってよいでしょう。

3　社会運動としての有機農業

農と食を通じて社会を変革していく哲学・思想の実践

有機農業という言葉が初めて登場したのは一九七一年です。日本の有機農業の祖として知られる協同組合経営研究所理事長(当時)の一楽照雄氏が呼びかけ人となって、この年の一〇月に日本有機農業研究会(以下「日有研」)が発足し、有機農業という言葉が生まれました。

一楽氏自身は後に、当時のあまりに農薬や化学肥料に依存していた農業から脱却するために「一定の方式の農業のやり方を広めようというつもりで使ったのではなく、正しい農業あるいは本当の農業、あるべき形の農業とでもいうようなことを追求しようと(中略)便宜的に有機農業という言葉を使った」「生産に従事する人々と消費者との間に充分な理解が生まれ、双方相携え協力しあう有機的関係がつくられなければ」と述べています(『暗夜に種を播く如く』一楽照雄伝刊行会、一九九六年)。

そこでめざされた有機農業とは、単に農薬と化学肥料を使わないだけではなく、「農民の主体性」を取り戻すことであり、消費者との間に有機的関係すなわち「提携」を築くための運動であり、農と食を通じて社会を変革していく哲学・思想の実践だったのです。この姿勢は、日有研の定款第三条にある活動の目的からもうかがえます。

「環境破壊を伴わずに地力を維持培養しつつ、健康的で質の良い食物を生産する農業を探究し、その確立・普及を図るとともに、食生活をはじめとする生活全般の改善を図ることにより、地球上の人類を含むあらゆる生物が永続的に共生できる環境を保全すること」

しかし、現在の有機農業は必ずしもこのとおりに進んでいるわけではありません。有機という言葉が世間に認知されるにつれ、独り歩きを始めていきました。一九八〇年代から「有機栽培」「有機農産物」という言葉が頻繁に使われるようになりましたが、そこには減農薬・減化学肥料栽培や、有機質堆肥を多少使っただけの慣行栽培に限りなく近い農産物も含まれていたのです。その結果、市場にも消費者にも混乱が生じました。この原因は、国はもちろん、日有研も有機農産物の定義を明確にしてこなかったことにあるでしょう。

もっとも、日有研の場合は運動が主目的であり、農産物や農法の定義付けに抵抗感があったのかもしれません。一楽氏は、こう述べています。

「農薬は極力抑制するが、少なくとも過渡的には、必要最小限の量は使わざるをえないとするものや、化学肥料は全廃できないから、堆肥とともに幾分かは使ってもよいとするものを、(中略)有機農法として認めないという見解を持つにしても、だからといって否定したり排撃したりすべきではなく、むしろそれなりに評価することを忘れてはならない」(前掲『暗夜に種を播く如く』)

日有研が有機農産物を定義したのは一九八八年です。提携や生協などを中心に一部の消費者にしか供給されていなかった有機農産物が普及するにつれて、さまざまな流通組織で取り扱われ始めました。その結果、高付加価値化や差別化の用語として、「有機」というブランドが一人歩きしてしまった事態を反映してのことでしょう。その定義は、以下のとおりです。

「有機農産物とは、生産から消費までの過程を通じて化学肥料、農薬等の人工的な化学物質や生物薬剤、放射性物質、(遺伝子組換え種子および生産物等)をまったく使用せず、その地域の資源を出来るだけ活用し、自然が本来有する生産力を尊重した方法で生産されたものをいう」

（カッコ内は一九九八年に追加改定）

原理主義に陥らない

私は、農薬や化学肥料を一切使用しない栽培のみを肯定し、少しでも化学物質を利用している農業を全否定するつもりはありません。日本の食卓を支える多くの大規模農家が、手間がかかり、大規模化が容易ではなく、高度な技術を要し、さらに多くの場合に販売先も自ら確保しなければならない有機栽培に取り組むことは困難です。また、高齢化が進んだ山間地でやっとの思いで農地を守り続けている農業者に、草取りなどのために田畑に長時間這いつくばらせようとも思いません。

もともと、篤農家は良質の農産物を生産するためには堆肥などの有機質肥料が重要であることを十分に認識し、実際に利用しています。化学肥料と自然循環を上手く両用し、バランスをとっているのです。農業の社会的役割を優先し、決して原理主義に陥らない感覚が、有機農業を支持する立場にも求められています。社会の変革をめざす有機農業運動を成功させる鍵は、そこにあるのではないでしょうか。

もちろん、だからと言って、有機質肥料による栽培技術、農薬を使わない栽培技術の追求を軽視するわけではありません。有機栽培技術は、土地や気候風土によって相当に変わります。関東地方で成功した農法をそのまま早稲谷で実行しても、成功するとは限りません。その逆もしかりです。それぞれの技術はあくまで参考とし、各地の風土に合わせて応用するしかありません。

農業を収入の糧とする以上、より効率的で確実な有機栽培技術の開発・会得は必須です。ただし、それにとらわれすぎると、せっかく苦労して生産した有機農産物が、市場で流通する商品の一つにすぎなくなります。単なる高付加価値のブランド品として扱われる恐れもあります。その結果、無用な産地間競争や価格競争に巻き込まれかねません。あるいは、同じ志の本来仲間であるべき他地域の生産者と競合し、つぶし合ってしまうかもしれません。

まして、条件不利地の有機農産物は、平坦部のそれと比べれば、慣行農業と同様にコストは割高です。高い志で栽培された有機農産物を、コストという経済的側面のみで評価することは許されません。後述するように、山間地の農業の社会的役割は、平坦部よりずっと大きいのですから。

このように、有機農業とは、農薬や化学肥料を使わずに安全で質のよい農作物を育てることにとどまるものではありません。行き過ぎた市場経済によって失われた人間と自然との関係、人間と人間との関係を、農業を通じて取り戻す運動です。人権や生命倫理、自然環境へ配慮し、地域社会・地域文化と密接にかかわった、高度な社会的役割を内包しているといえるでしょう。私が実践する有機農業は、常にこうした総合的な社会運動の意味合いを含んでいます。

4 山間地の有機農業の可能性

周辺作業が社会的役割を支える

こうした農業の社会的役割や有機農業のあるべき姿をふまえて、より条件が厳しい山間地の農業をどう捉えるべきでしょうか。なお、農林統計上の定義では、山間農業地域が「林野率が八〇％以上、耕地率が一〇％未満の市町村」、中間農業地域が「平地農業地域と山間農業地域との中間的な地域であり、林野率は主に五〇〜八〇％で、耕地は傾斜地が多い市町村」です。ただし、ここでは、こうした厳密な区分けではなく、早稲谷のような山林がほとんどを占めるムラを山間地、喜多方市中心部のような広大な平地を平坦部、その中間を中間地と大まかに考えます。

まず、農業の六つの社会的役割と照らし合わせてみましょう。日本の農地は関東平野や会津盆地のように見渡すかぎり田畑が広がる平坦部がほとんどを占める、と思っている方が多いかもしれません。しかし、実際には中間地・山間地の面積が四二％を占めています。いくら農業の体質強化・大規模化を唱えても、好条件の平坦部は半分強しかありません。人間の手では容易に変えられない地形を無視した農業政策は意味がなく、この四二％をどう生かすかが重要でしょう。

さらに言えば、こうした中山間地における農業は、食料の安定供給を除く五つの社会的役割について、平坦部より重責を担っています。なぜなら、耕地以外の人間の手が入る面積が平坦部と比して圧倒的に広く、人間と自然の接点がはるかに多いからです。

そのため、同じ農作業でも、食料生産にかかわる時間よりも、その周辺作業がはるかに多くなります。ひぐらし農園の場合、夏の農作業で毎日かかさず、最低一〜二時間は畔の草刈りの時間をとるように心がけています。労働時間の一〇〜二〇%を占めるわけですが、畔草刈りそのものは農業収入に直接結びつきません(厳密に言えば、風通しがよくなって病害虫が防除できたり、刈った草は堆肥になります)。真夏はほぼ毎週末、生活道路や農道、水路、河川の草刈りという共同作業に追われます。

実は、こうした収入には結びつかない作業こそが五つの社会的役割を支えているのです。それなしには、生物多様性は維持できず、水源涵養機能も発揮できず、景観も生活も保てません。もちろん、近い将来確実に訪れるであろう食料不足の際には、食料の安定供給という役割も重要視されるようになるでしょう。

こうした社会的役割は、市場経済のもとでは評価がむずかしい分野です。国際分業論的な視点に立つのか、近年台頭しつつある公共性を重視する視点に立つのかによって、評価は大きく変わります。経済成長が順調だった時代は、山間地の農業は低くしか評価されませんでしたが、いまの日本は急激な経済成長が望めず、「人が余り、自然資源が足りない状態」(広井良典氏）です。定常化の時代を追い風とし、宇沢弘文氏のいう社会的共通資本のような新しいモノサシで農業の社会的役割を再評価し、広くその重要性を国民に周知すべきだと思います。

また、中山間地の農業の再評価によって、安価な食料の大量供給にとどまらない有機農業の重要性が認識されていくと期待できるのではないでしょうか。有機農業は、生物多様性の重視に典型的なように、農業の社会的役割を慣行農法よりも大きく担っているからです。逆にいえば、有機農業が中山間地で広く実践されれば、中山間地の農業の社会的役割を十二分に引き出すことができるでしょう。

山間地は有機農業に向いている

次に、経済性という観点からはきわめて厳しい条件がそろっているなかで、山間地の有機農業の可能性は、どう考えられるでしょうか。

山間地農業が不利とされる最大の原因は、生産性の向上が困難なことにあります。手間がかかり、単一品種の大量生産に向いていません。稲作では、中山間地は平坦地より一〜四割も多くコストがかかります。新潟県のデータでは、中山間地域がほとんどの魚沼地域の六〇kgあたり生産費は一万九〇三三円。県平均の一万三五一四円と比べて四〇・八％も高くなっています（二〇〇一年）。全国的に見ても、中山間地の生産費は一二％程度高いそうです（二〇〇五年）。

これは、既存の農家が有機農業に容易に転換できない最大の理由である、手間とコストがかかることと共通しています。

では、山間地での有機農業は、こうした条件に阻まれて困難になるでしょうか。答えはＮＯです。山間地農業の低い生産性は、有機農業にほとんど影響しません。なぜなら、有機農業では、手間をかけることや、増産やコストダウンに直接つながらない周辺的作業を無駄とみなさず、むしろ重要な工程と考えているからです。私が夏に一日一〜二時間行う草刈りは、単なるコストアップ要因ではありません。

周辺的作業の中心は、土づくりや資源循環です。有機農業は慣行農法よりも自然の循環を上手く、積極的に利用しています。耕作放棄地が多く、畦が広いうえに、近隣には山林がありますから、有機質資源の入手は容易です。理想的な資源循環の確立も可能ですし、生物多様性の維持にとっても効果的に働きます。

耕作面積を広げ、ある程度の量の作物を多品目栽培する場合は、まとまった圃場が確保できず、移動距離の増大によるコストアップは否めません。でも、それを補うプラス要素がありますす。それは周辺の環境です。山に囲まれ、水源地からは近い。清冽な水と美味しい空気は、安全志向の強い消費者に対して、強力なアピールポイントになるはずです。さらに、提携によって消費者と直接つながっていけば、生産者と消費者との交流が活発になります。援農などで都市部から人が訪れ、交流人口が増えれば、地域活性化に寄与するでしょう。

このように、生産性の向上や単一作物の大量生産が困難な一方で、環境や資源に恵まれている山間地では、少量多品目栽培を基本とし、豊富な有機質資源を循環させ、農産物を直接消費者へ提供して交流を進める、有機農業こそが向いていると思いませんか。

不利な条件を逆手に取る

山間地の田畑は入り組んだ谷や森林によって細かく区切られ、分散する傾向にあります。隔離されているといったほうがよいところもあるでしょう。一般には、効率化できないという理由で敬遠されますが、生物多様性の観点からは、むしろこういう条件こそが理想的な場合もあります。その顕著な例が在来種の自家採種です。隔離された環境下だから付近に田畑はなく、交雑しやすい在来種の野菜たちの種採りを個々の農家がコントロールできるというメリットが生まれます。

たとえば菜種やソバなどは、非常に交雑しやすい作物です。交雑を避けるには、ミツバチなどの受粉を助ける虫の行動範囲である周囲二㎞の隔離が必要といわれています。理想の環境は大海に浮かぶ孤島や砂漠のオアシスのような状況でしょうが、日本ではこうした条件を満たすところはまずありません。平坦部でこれに近い条件をつくり出そうとすれば、周辺農家に協力を依頼する必要があります。そして、小松菜の種を採りたければ、同じ在来種の小松菜を栽培してもらい、白菜やコカブなど交雑の恐れのあるアブラナ科野菜の栽培を遠慮してもらわなければなりません。これは、平坦部では実質的に不可能です。

しかし、耕地と耕地が離れている山間地では、気兼ねなく、しかも確実に種採りができ、特徴のある野菜作りが可能です。ソバの里で売り出している山都町では、在来種のソバの保存のために、近隣集落から周辺五km四方離れた木地師（ろくろを使って木工品を作る職人）の集落として知られる山奥で育種しています。

7月ごろに行う小松菜の種採り。子どもたちもお手伝い

また、私が経験してきたように、条件が不利な山間地は新規就農希望者にとっては逆に好都合です。耕作放棄地が多いため、田畑を借りやすいし、平坦部よりもムラに入り込みやすいと思います。耕作放棄地だからといって、必ずしも土地が痩せているとは限りません。山間地で耕作放棄する理由は、土地が痩せているとか日当たりが悪いなどの条件ではなく、農業を続ける気力がないし後継者もいないという、深刻な社会構造の問題です。それに、区画が小さければ、自給的な農業、小さな農業はやりやすいと考えられます。離農者が多いので、中古農機具の入手も可能です。

一方で、環境のよさがマイナスに作用する面もありります。とくに、害虫被害と獣害が顕著です。たとえば周辺を杉林に囲まれているゆえに、稲作の場合カメムシによる着色米が生じやすい傾向にあります。とはいえ、こうした問題も工夫しだいである程度は避けられるはずです。私の場合は、最大の懸案だったイネミズゾウムシとカメムシ対策として、田植えの時期を周辺農家より二週間ほど遅い六月初旬にして対応しました。田植えを遅くし、出穂時期も周囲の田んぼより遅らせて、虫の攻撃を分散させるのです。

公共的機能を担う兼業・自給・有機農業

山間地での有機農業を推奨すると、お決まりの反応があります。

「少量多品目栽培のようなちまちまとした農業で、経済的に自立していけるのか」

これは、有機農業に限った話ではありません。多くの山間地の農家が直面し、なおかつ解決できなかった宿命的課題です。

しかし、この反応にこそ落とし穴が存在すると思います。それは、収入だけで農業を論じているからです。その根本には兼業農家軽視の思考があります。そして、農家や農業行政関係者ほど、この落とし穴に深くはまる傾向があるでしょう。一方、農民史研究家の守田志郎氏は『小農はなぜ強いか』(農山漁村文化協会、一九七五年)で、「農業とは生活である」として、おおむね以下のように述べています。

「農家は本来、自然とともにある。常に自然のある側面に接している。農業は工業ではないし、経済学的視点ではくくれない。そして、農業とは生業＝なりわいであり、農家はすべて小農である」

守田氏によれば、生業を続けるために必要なことがあれば（現代社会の場合は、往々にしてそれは現金になるわけですが）、外に出て収入を得るのは当然であり、農家が兼業であるのはごく自然なのです。

切迫した経営状況が影響して、農業の現場に近い人たちほど、山間地農業の重要な社会的役割を認識できません。そんなことを評価してくれたところで、一文にもならん！ということです。つい最近までビタ一文にもならなかったのは、たしかに事実ですが……。

日本の営農には、ムラが大きくかかわってきました。高温多湿の気候で植物の生育が旺盛ゆえに、農家は必然的に雑草や病害虫との戦いに膨大な労力を投下することになります。細かく効率的に管理するためには、組織的な対応が必要です。だから、農業生産のインフラ維持でもっとも重要なのは結や道普請などの共同作業であり、それをスムーズに行うためにムラが形成されたのではないでしょうか。実際に、こうしたムラが社会的役割を発揮してきました。その受益者は全国民です。

にもかかわらず、これまでの農業政策はそれを無視してきました。仮に、一部の人たちに、すなわち国策である大規模化によって生き残ったわずかな専業農家にそれを押し付けようとすれば、物理的にも倫理的にも無理があります。少数の先鋭的な専業農家が生き残っても、他の兼業農家や自給農家が離農ないし離村すれば、農村コミュニティは崩壊せざるをえません。人手は足りず、農業インフラである農道や水路の管理は立ち行かなくなります。

とくに、自然と接する部分がより大きい山間地でムラを維持していくためには、経済的自立可能な少数の専業農家よりも、多くの小さな兼業農家、自給的農家の集合体のほうが重要です。最近は、新規就農支援制度が充実してきましたが、地域の中核農家になってもらおうと専業化を促す傾向にあります。でも、地縁・血縁のある地元の人でも農業による経済的自立をあきらめざるをえない山間地では、公共的機能としても、小さな兼業農家、自給的農家が必要です。そして、そこでは有機農業の力がより発揮できるでしょう。

5　ひぐらし農園の社会的役割

ひぐらし農園の活動フィールド

私が有機農業を選んだ理由をあらためて整理したいと思います。

①一九九三年の冷害によって発生した米不足で、日本の農業の脆弱性を認識した。
②学生時代から環境問題に関心があり、環境に優しい有機農業の存在を知った。
③バブル期の過剰消費社会を経験し、自身のライフスタイルの見直しを痛感した。

④仕事をとおして、国家間の経済格差、人間と自然に対する搾取・収奪という構図に疑問を抱き、社会貢献とは何かを考えた。

ここからわかるように、土いじりが好きだからとか、美味しいものが食べたいとかではなく、社会とどう向き合っていくか、言い換えれば「生き方」としてこの道を選びました。だから、自分には農業をとおして発揮すべき社会的役割があるはずだと考えています。

Think Globally, Act Locally（地球規模で考え、地域レベルで実践する）という言葉を聞いたことがある方は多いでしょう。また、山脇直司氏は先に紹介した『公共哲学とは何か』で、「地域性」と「現場性」を重視したグローカルという理念を提唱しています。私にひきつけて言えば、農業を通じて「文化的・歴史的多様性のなかで、国家の枠組みを越えた人類の課題と取り組む」ということです。山村の小さな農家ですが、「民の公共」を担う存在として、これくらいの志があってもよいのではないでしょうか。

もちろん、山村での暮らしは、美しい環境のもとで子育てをできるとか、日常的に自然に接したいという私的な欲求を満たす面も大きいのですが、こうした役割を果たそうという意識は重要です。それが欠けていては、この地で農業をやる意味が半減してしまいます。なぜなら、安全な食料の生産や収入だけが目的であるならば、偶然出会ったこの早稲谷にこだわる必要はないからです。逆に言えば、さまざまな社会的役割を担っているという自覚が、厳しい条件下での営農意欲につながっていきます。

そのためには、自らが耕す地域と活動フィールドの特徴を把握しなければなりません。そのうえで、営農と日常生活に照らし合わせて、担うべき社会的役割をしぼりこんでいくのです。

何度も述べてきたとおり、早稲谷は山深い豪雪地帯の集落で、広い耕地に恵まれていません。少子高齢化や過疎化が止まらず、農業者は減少の一途をたどっています。その反面、豊かな森林に囲まれ、隔離された環境ゆえに昔ながらの生活の知恵や技がたくさん残っている地域です。したがって、ひぐらし農園の活動フィールドは、こう定義できます。

「飯豊山麓の山間地に位置する限界集落。過疎化・高齢化が進み、農業生産基盤のみならず、生活基盤の維持も困難になりつつある山村。一方で、豊かな自然、厚い人情、生活の知恵が残る」

物理的な範囲はせいぜい五㎞四方ですが、森林、里山、川、田畑、水路、農道、伝統的な風習や行事など、豊かな自然から人間の営みにいたるまで、多様なものが存在しています。一つの小世界が詰まっているといえるでしょう。それらに向き合いながら、有機農業の理念と私自身の暮らしと営農というツールを使って社会的役割の一端を担い、それを外に発信していく。やや大げさな感もありますが、これがひぐらし農園の社会的役割です。具体的には、次の四点を提起したいと思います。

土地と風土を生かした自給的暮らしの実践

山間部にある早稲谷では、周辺の自然を利用した技や知恵が比較的よく残ってきました。しかし、近代化のなかで、継承されることなく次々と失われています。それらは無形のものであり、いったん失ってしまえば、おそらく永遠に甦りません。

現在でも、こうした技や知恵のすべてが無用になったわけではありません。炭焼きや冬季間の野菜の保存方法など、見直すべきものもあるでしょう。それらを掘り起こし、継承し、記録していく役割があります。技や知恵にも、人間の生き方にも、多様性が必要です。二〇〇二年に仲間たちと始めた地域通貨（第6章3参照）は、そのツールになると期待していました。今後は結城登美雄氏らが提唱している地元学、会津で行われている会津学を参考にして、掘り起こしを進め、自らの生活に取り入れるとともに、広く伝えていきたいと思います。

有畜複合経営、地域内の資源循環、消費者との提携を進める

都市から遠く、消費者が少ない山間地では、提携による消費者の獲得は簡単ではありません。だからといって、提携を中心とした有機農業が無理なわけではないはずです。近隣の中都市（会津若松市や福島市）の住民を巻き込んで、有機農業の本道である提携が可能なことを証明したい。だから、有畜複合経営と少量多品目栽培を進めていくのです。同時に、地域の事情に合った販売スタイルを模索していきます。

毎年行われる会津若松市の消費者との交流会

そして、地元の有機質資源を積極的に利用し、またそれをきっかけにして、他業種や地場産業との交流を深め、地域活性化につなげたい。マイ醤油プロジェクト（第6章4参照）は、その一例です。まちづくりなどの地域団体へ積極的に参加し、地域全体として有機農業の可能性を探りたいと考えています。こうした一連の活動で、山間地での有機農業のモデル的役割を果たすことが目標のひとつです。

農業と共同体の存続、地域活性化のお手伝い

早稲谷のような限界集落では、住民の共同作業だけでは農業インフラの維持が非常に困難です。そこで、ボランティアの受け入れによる水路保全活動のように、地域に新しいシステムと人を投入できないか、早急に検討する必要があります。

また、農業をあきらめた人たちに、自給的農業

に復帰してもらう、あるいは後継者になってもらうために、地元の素晴らしさの再発見、誇りの回復が重要です。そのためには、地域資源の発掘と再評価を行わなければなりません。そうしたきっかけをつくるのは、外部の人たちの視点の場合も多いでしょう。

これらを意識しながら、都市との交流人口を増やし、水路を使った環境教育など地元の小・中学校と連携して、地域資源の発掘や郷土愛を醸成していくお手伝いをしたいと考えています。また、上堰米のような地域ブランドづくりによって、地域全体の収入の安定化も必要です。

さらに、共同作業を継続していく資金源となりえる、中山間地域等直接支払制度や農地・水・保全管理支払交付金への参加を促し、煩雑で敬遠されがちなパソコンなどの事務的作業を請け負っていきたいと思います。

山間地農業・山間地有機農業振興のお手伝い

農業振興のためには、他地域との連携も重要です。とくに有機農業の発展のためには、同じ志をもつ農家や研究者、消費者との連携が不可欠です。幸い、二〇〇九年に福島県有機農業ネットワーク(二八四ページ参照)が結成されました。私は理事を務めており、今後も運営を積極的に担っていくつもりです。

また、人手を要する山間地農業が続いていくためには、新規参入者が必要です。そこで、喜多方市定住コンシェルジュ制度のような移住者・定住者促進政策にもかかわって、Iターン者、新規就農希望者の相談役としての役割を果たしたいと思います。

新規就農者支援については、販路確保のために「あいづ耕人会たべらんしょ」を組織し、比較的量を必要とする取引先に共同出荷できる体制をつくったり、少量でも気軽に農産物を出荷できる直売所を開設してきました（第9章2参照）。これから実現していきたいのは、自給的稲作講座の開催、新規就農希望者の研修受け入れなどです。

ひぐらし農園の社会的役割と言っても、特別なことをしているわけではありません。あくまで、日々の暮らしや営農に則して行ってきました。むしろ、日常生活のなかにあるからこそ意味と価値があり、継続できると思います。そうでなければ、一つひとつの活動が打ち上げ花火的なイベントになり、定着していきません。大切なのは、理念をもち、意識して行動しているかどうか、それらを持続できるかどうかです。

移住して一六年間を振り返ると、必ずしも当初から意識していたわけではありませんが、おおむねこうした考えに沿って行動してきました。今後も新しいことを行うときは、それが農業とひぐらし農園の社会的役割と合致しているか否かを指針としていきます。

第8章　放射能に負けない

2011年4月に石巻市で仲間たちと行った炊き出し

1　三・一一の衝撃

直接の被害はなかったけれど

そのとき、私は大和川酒造店の酒蔵の中にいました。もろみを搾る装置が置かれた船場と呼ばれる部屋で、搾った後の酒粕を片付けていたのです。

めまいかな？と錯覚するような、ゆっくりとした揺れを感じ、あわてて飛び出すと、周辺の建物からもたくさんの人が驚いた様子で飛び出してきました。あとから聞いてみると、喜多方市のある会津北部は震度五強でしたが、会津若松市などと比べると揺れは小さかったようです。パレットの上に積木のように高く積み上げていた一升ビン用のケース箱やボイラーの長く伸びた煙突が左右に大きく揺れた程度。これといった被害はなく、停電も起きませんでした。

ただし、すでに書いたように、我が家は築一〇〇年を超える古い家です。壁が少なく、筋交いもほとんど入っていません。しかも、茅葺きですから、上が重く、バランスが悪い。「震度五以上の地震がくれば、間違いなく倒壊するよね」と、冗談で連れ合いと話していたほどです。地震が収まった直後に電話をかけると、幸いすぐに通じて、倒壊を免れていたことがわかりました。子どもたちも、小学校にいて無事。山都地区は、喜多方市街地よりさらに揺れが小さかったようです。

その後は、仕事どころではありません。社内のテレビにくぎ付けです。画面には仙台市付近上空からのヘリコプターによる映像が映し出され、信じられない光景が次々と流れていました。以前インドネシアの大津波の映像を見て、その威力の凄まじさに驚愕しましたが、同じことが、いまこの瞬間に起こっている。しかも、わずか一〇〇㎞ほどしか離れていない同じ福島で、同じ東北で。テレビは、逃げ惑う車を津波が容赦なく次々と飲み込み、家や田畑、ビニールハウスがなぎ倒されていく様を、鮮明に映していました。あまりの非情な状況に、ただ呆然とするだけでした。

その後、断続的に余震が続くなかで帰宅。家の周囲は一m近い雪に囲まれていたものの、揺れによる雪崩や道路の崩落は見られず、都会と違ってすんなり到着できました。学校から戻った子どもたちは、不安そうです。いつ強い余震が襲ってくるか、わかりません。

テレビをつけて緊急地震速報に備え、すぐ外に飛び出せるように外出着を着込んだまま、家族そろって居間のこたつを囲んでいました。頻繁に流れる緊急地震速報。そのたびにストーブを消し、長靴を履き、数秒後に来るかもしれない大きな揺れに備えて身構える。一晩中、その繰り返しでした。

妻と子どもは避難を決断

まだ仕込み作業を終えていなかったので、翌日以降も会社に向かいました。微生物を扱う仕事なので、農業同様に、仕込み作業を急に中止や延期するわけにはいきません。でも、心は落ち着かず、仕事に身が入らない状態です。テレビに目をやりながらの作業でした。テレビが伝える情報は錯綜し、津波の被害状況もはっきりしません。原子力発電所については、核反応を止める制御棒が原子炉に自動的に挿入されたという程度です。

そうしたなかで一二日の夕方、東京電力福島第一原子力発電所一号機が水素爆発を起こします。津波に匹敵する異常事態ですが、テレビでは「原子炉は丈夫な圧力容器と格納容器に囲われていて、簡単には放射能が外に漏れ出すことはなく、安全である。放射能漏れは微小。直ちに健康に影響はしません」というコメントばかりです。一方で、太平洋と阿武隈高地にはさまれた浜通りの住民が福島市や郡山市に避難しているという話も聞こえてきました。みんな正確な情報がわからず、不安だけが広がっていきます。このころから、政府やマスコミに対する不信感が募りました。

一二日の深夜、昔からお世話になっている長野県の有機農家から電話がありました。ちょうど日有研の全国大会が福井県で行われており、そこに同席していた原発問題に詳しい人から原発事故の深刻さを聞いたそうです。

「福島の原発は、すでにメルトダウンを起こしている可能性が高い。危険だから、直ちに会津から離れなさい。そして、ヨウ素剤をすぐ手に入れなさい」

連れ合いは、子どもたちを実家の長野県佐久地方に、一時的にでもよいから避難させると言いました。私も賛同します。ただし、その選択に内心迷いがあったことも事実でした。もう会津に住めなくなってしまうのか。農業ができなくなるのだろうか。この一五年間、目標にしてきた自給的な生活も、有機農業による自立も、地域活性化のお手伝いも、まだまだ中途半端で、何一つ達成していません。こんな形で自分の挑戦を終わりにしたくはありません。

放射能は目に見えないので、周囲はいつもと変わりない、静かな早春の風景が続いていました。刻々と広がる放射能汚染という現実は、すぐには受けとめられません。一三日にはレタスやキャベツ、ブロッコリーの種をビニールハウス内の踏み込み温床に播きました。まだ春を感じるには寒すぎて、畑にはまったく土が顔を見せていません。いつもどおりの心弾けるような明るい春を迎えられるかもしれないと淡い期待をしながらの作業でした。

一四日からはガソリン不足が顕著になります。近くのガソリンスタンドは在庫を売り尽くすと、ことごとく休業。たまにガソリンが入荷するという情報が流れ、行ってみると、開店前から長蛇の列でした。片道二〇㎞の通勤には、ガソリン不足は大きな問題です。万一に備えて、せめて新潟まで逃げられるくらいのガソリンは残しておかねばならず、不安が増幅します。

連れ合いがふだん使っている乗用車は、彼女の機転で一二日の朝に満タンにしたので、余裕がありました。一四日には三号機が水素爆発。事態はいよいよ逼迫し、一六日朝に連れ合いと子どもたちは長野に避難します。東日本大震災後も喜多方市の小・中学校は授業が行われていましたが、あわただしい避難だったので、友達と別れの挨拶を交わすこともできませんでした。

はたして、避難は正しかったのか。不安と同時に、やり場のない怒りがわいてきました。

募る不安

子どもたちがいなくなると急に静かになり、それでなくても古くて薄暗い家が、余計に寒々しく感じられます。そして、ガソリンが手に入るまでは酒造りの仕事は控え、自宅で過ごすことにしました。自給自足に憧れて山都で暮らし始めたにもかかわらず、化石燃料に大きく依存しているという現実を突き付けられたわけです。

十分な食料の備蓄と薪ストーブが唯一の救いでした。雪のため、農作業はほとんどできません。仮にできたとしても、集中できる心境ではありませんでした。ひたすらテレビとパソコンにかじりついて、刻々と進む原発事故の状況を見守り、汚染情報を追いかけていました。

震災から二週間ほど経つと、周囲はようやく落ち着きを取り戻し始めます。しかし、原発事故の収束の見通しは、まったく立ちません。そして、中通り(二一五ページ参照)の放射線量が深刻なほど高いことが徐々に報道で明らかになりました。三月下旬は、ナスやトマトなど夏野菜の種を播き、稲の種播きの下準備として塩水選や温湯消毒をする時期です。でも、こうした状況では、いっこうに気分が乗りません。

福島県からは四月初旬に、土壌分析の調査結果が出るまでは農作業を控えるようにという通達がありました。雪解けも例年より遅く、育苗以外には、すぐにやらなければいけないこともできることもありません。

震災直後の淡い期待は消え、しだいに強い不安に変わっていきました。自分の、家族の、農業の先行きはどうなるのか。原発から約一〇〇㎞離れた会津では、放射線量の情報もほとんどなく、どう行動すべきか悩まされました。春休みは終わりに近づいています。長野に避難中の子どもを新学期から会津に戻すか、それとも長野の小学校に転校させるかの決断を迫られました。とにかく情報がほしい。判断材料がほしい。

ところが、調べれば調べるほど情報は入り乱れ、明るい材料は見当たりません。結局、子どもの安全を確保できるとは考えられず、転校を決めました。当面は一人暮らしです。気持ちが浮上するきっかけはつかめません。さまざまなことを想像すると、余計に不安です。いっそ深く考えないほうがよいと、思考停止状態になっていきました。

2　被災地を訪れて

想像以上の光景

そんなとき山都のIターン仲間から、声をかけられました。

「津波の被害が大きかった宮城県石巻市へ、炊き出しと泥出し作業の震災復興ボランティアに一緒に行かないか」

農作業で忙しくなるのはまだ先ですし、自分の気持ちに整理をつけるきっかけになるのではという期待があって、すぐに参加を決めます。私を含めて四名が、六人乗りのワンボックス車にお米など目一杯の支援物資と自炊道具、往復分のガソリンを積んで、一泊二日の日程で出発しました。震災から間もなく一カ月という、四月九日のことです。

石巻はようやく復興の兆しを見せ始めたところで、中心部は浸水の被害は見受けられたものの、車や人の往来がかなりありました。初日は、山都産蕎麦粉を使った蕎麦がきの炊き出し。とりわけ津波被害のひどかった渡波《わたのは》地区で行いました。指定された場所に移動する途中、目に飛び込んできたのは、延々と続く無残な街並みです。主要道路は障害物を脇に寄せて、車が通れるようになっていましたが、一歩路地に入ると家々はがれきに埋もれています。津波で押し流された船や車、漁具が放置されたままでした。

みなさん避難所にいるのでしょうか、人の気配がほとんどありません。潮とヘドロの混じった強烈な臭いが漂っています。そのなかで、がれきの隙間から一本の梅がみごとに花をつけていました。植物のたくましさに驚くと同時に、周辺との隔たりがとても印象的です。

大鍋に湯を沸かしている間に、炊き出しの告知に交代で周囲を回りました。元の姿を想像することが困難なほど破壊された家々。その中から片付けに励む人影をときおり見つけては、炊き出しについて伝えると、「どうもありがとうございます」という言葉が返ってきました。これほど困難な状況下で頑張っている人に言われる感謝の言葉。それに値するほどのことがはたして私たちにできるのか。その声を聞くたびに逆に恐縮し、同時に重圧を感じました。

蕎麦がきというメニューは、炊き出しでは珍しかったようです。多くの人が食べに来られ、二時間ほどで用意した二〇〇食が完食。最大の懸案であった味(!?)も好評でした。その間、地震のときの様子や津波からどう逃げたかなどの話を、集まった方たちからうかがいました。みなさん淡々と、ごく穏やかな口調で、ときには笑顔を交えて話されます。とはいえ、いずれも、薄氷を踏む思いで何とか生還してきた緊迫感がにじみ出た内容です。

夜はボランティアのベースキャンプになっていた石巻専修大学のグランドでテント泊。内陸なので津波の被害はなく、広い芝生のグランドに色とりどりのテントやタープ(日差しや雨を防ぐ広い布)が並び、ちょっとしたオートキャンプ場の雰囲気です。それでも、ときおり地鳴りとともに突き上げるような余震に襲われ、そのたびに被災地にいることを実感させられました。深夜は冷え込み、翌朝は強い霜。体育館のような簡素な避難所で寒さを耐えしのぶ被災者の方々の苦悩が脳裏をよぎりました。

津波の凄まじさ

二日目は津波で約二m浸水した地区で、倒壊を免れた家の泥出しを行いました。屋内は予想以上の荒れ具合で、どこから手をつけてよいかわからないほど。海のほうに面した(といっても、海から一㎞は離れているそうですが）玄関から奥の台所に向かって水が押し寄せたようで、家具や家電製品はその流れに押されて折り重なっていました。これらを一個一個引きずり出し、たまった泥を床の上に掻き出していくのです。

なぎ倒された家具は不規則に絡み合い、海水を含んで重みが増して、容易に動きません。しかも、不用意に動かせば、棚から食器が転がり落ち、仕事が余計に増えてしまいます。泥水を含んだ畳も重く、悪臭が漂っていました。

ここでも休憩時に、津波襲来時の様子を、その家の方からうかがいました。揺れが収まり、いったん二〇〇mほど離れた小学校に避難したものの、孫のおむつを忘れたので、取りに戻ったそうです。そのとき、突然津波が押し寄せてきました。必死に道路沿いのブロック塀をよじ登り、やっとの思いで目の前の家の二階に這い上がって、一人で夜を過ごしたとのこと。ずぶ濡れだったので、暗闇の中で乾いた服を探し、勝手に着替えさせてもらったと、おっしゃいます。娘さんやお孫さんが避難している学校は広い通りを挟んだすぐ向かいでしたが、水が引かず、身動きがとれなかったそうです。

壮絶な話ですが、渡波地区の方々と同様に、穏やかな口調で語られました。彼女がそれほどの恐怖に直面していたまさにそのとき、私は家族とともに余震におののきながら、居間のテレビで津波の被害を見ていたのです。同じ東北で被災し、共有できる感覚がある一方で、想像をはるかに超える極限状態の現場で生き残り、なお未来に向かって進んでいる人たちを見て、その強さに感銘を受けました。

泥出しの作業の途中で時間切れになり、帰宅の途へ。途中、壊滅的な被害を受けたという隣接する女川町《おながわ》に寄りました。物見遊山のように被災地を訪れることには抵抗を感じていましたが、東北電力が保有する女川原発のある町です。そこがどんな状況にあるか知りたいという欲求は、抑えられません。

原発は主要道から遠く離れていて近づけませんでしたが、石巻市から小さな峠を越えた先にある女川町の中心部には驚くべき光景が広がっていました。外海に面し、リアス式海岸の深い入り江になっているため、石巻市以上の大津波が襲ったそうです。

夕暮れが近づき、薄暗くなった町を高台から見下ろすと、木造家屋はことごとく流されていて、土台を残すだけでした。鉄筋コンクリート製の建物はかろうじて残っていましたが、基礎ごと持ち上がったのか、一棟は箱のように横倒しになったままです。三階建てのビルの屋上に白い乗用車が引っくり返って乗っていて、津波の凄まじさを物語っていました。聞けば、津波の高さは四階を越えたと言います。その状況を見て、津波の威力を前にいかに人間が無力であるかと、それほど危険なところに原発を造った愚かさを、あらためて認識しました。

エネルギーを分けていただく

「自分には、あるいは農業には社会的役割があり、それを実践するために農業という職業を選んだ」といろいろな場所で語ってきました。しかし、この未曾有の震災の前に、私はなす術もありません。ただ呆然と立ち尽くし、地震、津波、原発事故という重い現実に打ちのめされていました。社会的役割という聞こえのよい言葉がどこかに吹き飛び、運命の不条理さを目前にして、自分がいかに薄っぺらで小さな存在かを思いっきり突き付けられていたのです。

けれども、この震災に対して何らかの行動を起こさなければ、私がこれまでめざしていた価値観、歩んできた道が、無駄なもの、軽薄でつまらないものになってしまいます。厳しい現実に押しつぶされそうな気持ちを跳ねのけて、少しでも前に進むためには、実際に被災地を訪れ、現場を見て、微力ながらも行動するしかありません。心にまとわりついて離れない無力感を吹き飛ばす、きっかけがほしい。だから、この訪問はボランティアという使命感めいたものではなく、むしろ自分の気持ちを整理するための、自分のための行動でした。

そして、行ってよかったと心底思いました。テレビでしか見ていなかった津波による被害を肌で感じ、そこに住む人びとの命、暮らし、財産、将来の夢を瞬時に奪っていった不条理さの一端を、理解できたと思います。

厳しい現実にもかかわらず、みなさんが前をしっかりと見つめていました。もちろん、現実を受け入れざるをえず、必死に歯を食いしばって耐えていたのかもしれません。でも、現場でしっかりと生きていました。私は被災地に行って、その強さとエネルギーを分けていただきました。助けに行ったのではなく、助けられたのです。本当に自分勝手で申し訳ないけれど、行ってよかった。おかげで、現実に向き合う覚悟ができました。

この感覚を会津の仲間たちに、ぜひ味わってほしい。そう思い、避難先の長野から一時帰宅していた連れ合いや他のIターン仲間と一緒に、南相馬市鹿島区へ泥出しボランティアに行きました。こうして被災地の惨状を肌で感じることで、変わってしまった現実を受け入れ、新しい時代へ挑んでいく気持ちが整ったのです。

3　安心とは何かを見つめ直す

平穏な周囲と、営農継続へのためらい

三月下旬になってガソリンの供給が安定すると、会津は何事もなかったかのように平穏な日常に戻りました。そして、いつの間にか、ここは安全であり、騒ぐのは危険を煽って復興を妨げる行為だという空気が蔓延していきます。子どもたちを長野に避難させたと話すのがはばかられるほどでした。さらに、福島県が招いた放射線健康リスク管理アドバイザーなる医師は、放射能による健康被害について「まったく心配ない」と繰り返し講演しました。

一方、私がおもにインターネットで得た情報は、それとは大きく異なります。たとえば、群馬大学の早川由紀夫教授が作成した汚染マップや、グリーンピースはじめ国際NGOの調査な

どで、土壌や農産物に放射能汚染がかなり広がっていることが確認されていました。しかし、周囲の雰囲気から、こうした情報を地域の人に伝えたり、汚染の現状や会津農業の未来について腹を割って語り合うことを躊躇する気持ちになっていきます。

私は不安と無力感を覚えながら、夏野菜の種播き、稲作の準備と、例年の農事暦どおりの作業を続けていました。おそらく、同じような気持ちでいた人も多かったと思います。「復興しよう、ここは安全だ」という雰囲気に押され、不安を人前で口にすることを避けていたのではないでしょうか。

福島県は四月初旬に、最初の土壌検査の結果を発表しました。ところが、その調査地点は広い県内でわずかに一二四カ所です。東京都の四分の一の広さの喜多方市は二カ所だけでした。しかも、調査地点は大字《おおあざ》までしか公表されません。早稲谷から一番近い調査地点は、大字名から推測するに直線で約一〇㎞離れた場所でした。

政府の原子力災害対策本部は四月八日、水田土壌中の放射性セシウムの稲への移行係数を〇・一とし、土壌中のセシウム134と137の合計が一kgあたり五〇〇〇ベクレルを超えていない田んぼは作付けを開始してもよいと発表します。会津の数値は一部を除いて五〇〇ベクレルを下回り、喜多方市の数値は二〇〇ベクレル前後でした。中通りや浜通りよりはるかに少ないものの、会津でも放射性物質が確実に降下したことはこの数値が物語っています。

新潟大学の野中昌法先生(土壌学専攻)によると、一九五〇～六〇年代に各国で行われた原水爆実験によるセシウムが日本の土壌には数十ベクレル程度残留しているそうです。ということは、少なくとも一〇〇ベクレル以上の放射性セシウムがこの三月に喜多方市に降下したことになります。そして、仮に早稲谷が調査地点と同程度に汚染されていれば、私が作る米から二〇ベクレル程度の放射性セシウムが検出される可能性があるわけです。

他の農作物の移行係数については、ようやく五月末になって農水省から目安となる数値が発表されました。しかし、そのデータは、たとえばレタスが〇・〇〇一五～〇・〇二一、トマトが〇・〇〇〇一一～〇・〇〇一七というように、最小値と最大値の幅が大きく、あくまで参考程度にしかなりません。これから育てる作物が収穫時にどれくらいの数値を示すかの予想は、まったく不可能でした。

こうした放射能の移行が現実に起これば、あるいは実際に収穫して測ってみたらそれ以上に作物に移行していたとすれば、私はこの地で農業を続けてよいのでしょうか。科学者でさえ、どのくらい移行するかわかっていないのです。はたして、耕すことは、種を播くことは、許されるのでしょうか。

追い打ちをかけるように、インターネット上では、福島で農業を続けている農家に容赦ない罵声を浴びせるコメントが目立ちました。すなわち、福島の農家は放射能に汚染された農産物の流通を通じて、汚染を全国に広げる加害者であるというのです。こうした発言は、いまでも一部の人に根強く続いています。

農家は加害者ではない

福島県内の農家の多くは四月以降、例年どおりに農業を続けました。中通りや浜通りでも大半の農地の土壌中の放射性セシウムは五〇〇〇ベクレルを下回りましたから、家族の生活や先祖伝来の土地を守るべく、農作業に励んだのです。一日も早く平穏な暮らしを取り戻そうと願うことに、何の悪意もありません。外部被曝しやすい田畑で多くの時間を過ごし、土ぼこりの吸引などもっとも内部被曝しやすい環境下で命を削りながら、しかも野菜や山菜がどのくらい放射能に汚染されているのか、そもそも売れるのかわからない不安をかかえながら、現実に向き合っていたのです。

実際には、震災直後から福島の農作物は買い叩かれていきます。食品への放射性セシウムの暫定基準値（一kgあたり五〇〇ベクレル）を超え、市町村単位で出荷停止を命じられる農作物も相次ぎました。会津では、爆発直後の放射性物質の直接的な降下による路地栽培の葉物類や、もともと放射性物質を吸収しやすいといわれるキノコ類を除けば、暫定基準値を超えたものはありません。それでも、特産のアスパラガスなどは検出限界以下であっても値崩れを起こしました。汚染の心配は一切ないはずの二〇一〇年産の米までキャンセルされたという話も聞かれたほどです。

福島の農家は困惑していました。いったい、何を信じればよいのでしょう。どうすれば、震災前のような豊かな環境と穏やかな暮らしを取り戻せるのでしょう。

そんな苦悩をよそに、福島から距離が離れている人、農業と関わりのない人、脱原発を強く訴える人たちが、平然と農家を加害者呼ばわりしました。でも、農家が被害者であることは明らかです。農家は、ただ懸命にいまを生きているだけなのです。

本木上堰の堰浚いボランティアは、二〇一一年で一二回目を迎えました。例年、四月はボランティアを募集する時期です。ただし、この年はいつもどおり告知をすべきか悩みました。毎年のように来てくれる人たちが、いまの福島を、そして会津をどう見ているのか。もし放射能汚染がきっかけでこの地に目を背けるようなことになっていたら、それはそのまま自分の、ひぐらし農園の行く末を物語るような気がしていました。

しかし、石巻でのボランティアを経て気持ちの整理がつき、いつもより遅れて募集のお知らせを伝えました。そして、ふたを開けてみると、例年とほぼ変わらない三四人が来てくれたのです。都合で参加できない方からも、応援のメッセージをいただきました。何気ない激励の言葉がほとんどですが、これだけの人たちが支えてくれている、会津に目を向けてくれているということは、何にもましての励みです。

安全と安心

その一方で、葛藤もありました。子どもを避難させつつ会津に残り、安全・安心を謳う有機農業を続ける私は、本当に懸命に生きるためだけに農業を続けていると言ってよいのでしょうか。

他の農家のように、先祖伝来の土地を守る義務があるわけではありません。ただ、ここに住み続けたい。農業をし続けたい。そんな私は、「社会的役割」という聞こえのよい言葉を掲げて自分の都合を優先し、被害者面をしている確信的な加害者かもしれない。放射能汚染という現実から目をそらし、いまの生活を継続したいがために、もっともらしいご託を並べているだけではないのか。何より、私が育てた米や野菜を食べる消費者を、本木上堰の応援者を裏切っていないか。要するに、私が意識していた「安全」とは本質的にどういうことなのかが、あらためて問われていたのです。

私はこれまで、自分が生産する農産物が安全であると断言することはなるべく避けてきました。もちろん、栽培過程において安全性に極力配慮してきたつもりです。とはいえ、農産物を出荷前に検査していたわけではありません。農薬をまったく使わなくても、水質や大気の状態に影響を受ける可能性はあります。

さらに、何をもって安全とするかの基準は、消費者によって違います。安全と断言するためには、こまめなデータ採取とそれに対する科学的解説が必要です。それを行わずに、「この農産物は安全です。安心してください」と押し付けがましく言うのは無責任でしょう。また、安全性だけを追求するあまり、自然とかけ離れた不自然な栽培方法を選択してしまう可能性もあります。その究極が外部環境を一切遮断した植物工場の野菜です。

私は、「安全」よりも、まずは「安心」をめざしてきました。安心の基盤は、生産者と消費者の信頼関係です。安心してもらうために、ひぐらし農園はおもに四つのことを行ってきました。第一に、日々の農作業や取り組み、農作物の生育状況をこまめに知らせる。第二に、田畑に直接来ていただき、農作業を体験していただく。第三に、農産物をなるべく直接お届けする。第四に、農や食だけでなく、さまざまな社会的問題についても情報の交換と共有に努める。

こうして生まれる人間関係が信頼となり、安心につながると考えていました。安全よりも、安心を。この考え方は原発事故後も、ひぐらし農園の基本姿勢として変わりありません。

では、私の行動は、本当に消費者に安心してもらえるのでしょうか。目の前で起きた（だが、目に見えない）史上最大級の公害を前に、どう対応していくべきなのでしょうか。

放射能による環境汚染は、吸着や洗浄などの技術で一時的に少なくはできても、物理的に減少させるためには、時間（＝半減期）以外に根本的な解決策はありません。セシウム１３７の半減期は約三〇年なので、土壌中のセシウムがほぼゼロになるには三〇〇年（一〇〇〇分の一まで減る）を要するわけです。表土を除去し、汚染されていない土と入れ替えることも考えられます。しかし、土づくりを基本としてきた百姓にとって、表土を剥ぐという行為は耐え難いことですし、再び豊かな土を取り戻すのは非常に大変です。しかも、剥いだ表土をどこに持っていくのかは決まっていません。

放射線量の継続的な検査と公開

結局、放射能汚染に対応するためには、現実と正面から向き合い、栽培技術を駆使して、農作物への移行を最小限に抑えていくしかないのです。安全を確認し、安心してもらうためには、放射能汚染の詳細なデータを取らなければなりません。当然、一回や一地点だけではないし、農作物、田畑の土壌、投入する堆肥などのすべてが対象になります。

私は、いままでどおり消費者に安心してもらうために、次の二つが必要だと考えました。すなわち、①空間や土壌中の放射線量の把握と、②自主的な基準値の設定です。

①については、放射能汚染は目で確認できません。だから、測定器による計測が必要です。理想的には、すべての田畑でモニタリングし、土壌検査をこまめに行って、放射線量を正確に把握しなければなりません。そのデータに基づいて、農作物が放射能を吸収しないような栽培技術を選んでいきます。

②については、国はセシウム137に関する暫定基準値を見直し、二〇一二年四月から新しい基準値を採用しました。一般食品は一〇〇ベクレル、牛乳と乳児用食品は五〇ベクレル、飲料水は一〇ベクレルです(いずれも一kgあたり)。また(株)大地を守る会、(株)カタログハウス、パルシステム生協連合会、生活クラブ事業連合生協連合会の四団体が「食品と放射能問題検討共同テーブル」を設立し、公的基準の見直しを国任せにするのではなく、適切な情報提供を行い、共通の指針を示すことを目標としてかかげており、その成果に期待したいところです。

二〇一一年四月の時点では、私は自分の育てた農作物がどれくらいの放射能の数値を示すかまったく予想できませんでした。そこで、自主基準値の決定を保留したいと消費者に伝えました。現状を見てからという姿勢は、「安心」を最優先とせず、日和見的と批判されるかもしれません。でも、これからも会津で農を生業《なりわい》としたいという想いから、調べたうえで判断することを理解してほしいと訴えたのです。同時に、東京電力のような自己保身的隠蔽体質になってはならないと肝に銘じ、得たデータはすべて公開することを伝えました。

六月に入り、春先に播いたレタスが出荷可能になると、直ちに横浜市の同位体研究所に送りました。検出限界一kgあたり一ベクレルという高精度の検査で、結果は不検出。心底ほっとしました。そして、このデータをもとに、毎年夏から秋に定期的に野菜を購入してくださる地元消費者向けに放射能汚染に関する考え方の説明会を行い、継続して購入するか否かについての検討をお願いしたのです。

このときも、私は自分の農作物が安全であるとは一言も言いませんでしたが、うれしいことに、全員が購入を継続するとおっしゃいました。これは、国の暫定基準値や福島県の安全宣言よりも、実際に数値を公表している農家のほうが信頼できると消費者が考えたということでしょう。情報公開の重要性をあらためて痛感しました。

その後、毎月、旬を迎えた野菜を調べていきます。七月はキュウリとインゲン、八月はジャガイモとピーマン、秋には玄米・小麦・米糠などです。検査は、取引のある大地を守る会や、七月に福島市に設立された市民放射能測定所に依頼。検出限界一kgあたり五ベクレルで、すべて検出限界以下(ND)でした。

現在は、ひぐらし農園独自の基準値を決めることよりも、こまめに検査し、そのデータを消費者に示していくことが大切であると考えています。それは、安心・安全な農作物を育てることが農家の第一の役割なのだから、出荷基準値という数字よりも、継続して検査していく姿勢のほうが重要と考えるようになったからです。

4 放射能汚染の本質

会津を離れた仲間たち

五月になると、Iターン仲間を中心に週一回、秋庭千可子さん(一八七ページ参照)が営む茶房千に集まって、情報交換の場を設けました。多くの人たちが、放射能に関する情報をテレビや新聞の報道に頼っていましたが、真偽はともあれ、インターネットではそれらとまったく違う情報がたくさん流れています。ときには専門的で、私のような文系人間にはすぐに理解できないものもありました。こうした情報を的確に把握したい。さらに、ガイガーカウンターの普及によって、会津の詳細な汚染状況が明らかになってきたので、そうした情報を集積するとともに、漠然とした不安を共有したいというのも目的です。

放射性セシウムの数値は中通りや浜通りより一桁小さいとはいえ、会津でも局所的にいわゆるホットスポットがあったり、軒下や雨樋の下、側溝などが高いことが徐々にわかってきました。つまり、会津で心配すべきは低線量被曝であり、汚染された食べ物や土ぼこりの吸引などによる内部被曝です。その事実にどう対応していくのか。

佐藤栄佐久前福島県知事を迎えて行った千の勉強会

やがて、身近な仲間たちの間でも、低線量被曝の影響に対する解釈に差が生じてきました。低線量被曝には、しきい値（障害が発生する最低の値）がないと言われます。どれくらい浴びたら危険なのか、どこまでを安全と許容するのかは、科学的な判断だけでなく、個人の価値観や何を優先するかに左右されるでしょう。

六月に入り、地域通貨ＬＥＴＳ会津の立ち上げなどで一緒に活動したＩターン仲間の小原直樹さん（一八七ページ参照）が佐賀県に避難を決め、会津を離れました（二〇一二年六月に戻ってきました）。八月には、小川光さんのもとで研修後に山都町で就農していた若い夫婦が三重県に、そしてひぐらし農園の卵を使ってくれていた、やはりLETS会津発足以来の友人の蕎麦屋さんが北海道に、それぞれ移住します。さらに一二月には、マイ醤油プロジェクトで行動をともにし、その後も流通事業体向けに野菜を共同出荷していた永井秀幸(一九七ページ参照)さんが、神戸市に引っ越しました。いずれも、被曝の危険を感じ、安全な食べ物を提供できないと思ったからです。

亀裂と分断が生じた

こうした判断基準の個人差が発端となって、同じ会津を愛していた仲間に多少なりとも無用な亀裂が生まれました。それは、汚染のより深刻な地域で、避難を選択した人と残った人との間で生じた軋轢と同じ構図でしょう。相手の意志を尊重し、事情を理解しようとしても、残った人は避難した人を「神経質・無責任・扇動者・逃亡者」と、避難した人は残った人を「鈍感・無神経・無知・(このままでは)加害者」と、多少なりとも思うのです。放射能汚染は、避難という物理的分断だけでなく、心まで分断していきます。

正直に言えば、私も避難した人たちの決断を複雑な思いで見ていました。いまの生活を投げ打って新天地で再スタートするという彼らの重い決断の前に、いち早く子どもたちを会津から避難させた一方で、自分は残って農業を続けた選択が矛盾に満ちていることをあらためて突き付けられたからです。

また、営農面での痛手も少なくありません。小原さんには大豆を買ってもらっていたし、おからは鶏の餌やぼかし肥づくりに重宝していました。蕎麦屋さんには卵を納入し、その卵で作るサブメニューの卵焼きはとても美味しいと好評。そして、蕎麦粉のカスやだしをとった後の鰹節をいただいて鶏の餌に、蕎麦殻もいただいて鶏舎や産卵箱の敷物に、それぞれ使っていました。永井さんは新規就農者のなかで野菜作りがとても上手。後述する「あいづ耕人会たべらんしょ」のメンバーであるとともに、共同出荷の心強いパートナーでした。

さらに、避難せずに住み続けても、放射能に対する構え方が違う人を見ると違和感を覚え、疎遠になっていきます。それは、家族同士であっても同じです。むしろ、ともに生きていかなければならないだけに、家族内の不一致はより深刻でしょう。これがきっかけで離婚や別居したという話も聞きました。幼い子どもをもつ仲の良いママ友同士でも、構え方が違えば疎遠になっていきます。子どもに給食の牛乳を飲ませるか、飲ませないか。プールに入らせるか、入らせないか。親の意識の差から、子どもにもストレスが溜まっていきます。

意を決して避難しても、避難先での被災地との意識のギャップにさいなまれ、孤立感を深めていったという話も聞きました。あらゆるところで、分断が生まれているのです。

茶房千の勉強会に集まるのは、Ｉターン者や小さな子どもをもつ母親が中心でした。立場の隔たりなく、できるだけ多くの人に参加してほしいと望んでいましたが、地元の人ほど勉強会には興味を示しません。先祖伝来の土地や墓、深い地縁血縁をもつ人にとって、危険かもしれないものを詳しく知って不安に悩まされるよりも、無関心を装う選択をする人が多かったのでしょう。「福島は安全だ」という国や県の言葉を受け入れることを選んだといえるかもしれません。Iターン者は地縁・血縁がなく、いざとなったらいつでも離れられるから放射能について騒げるのだ、という声も聞かれました。

二〇一一年六月に福島県庁前で行われた脱原発・反原発の集会に参加したときも、デモ行進する私たちを見つめる福島市民の視線は冷ややかな印象を受けました。放射能汚染は誰もがかかえる共通の問題ですが、立場や背景が違うと団結できず、最悪の場合は家族や個人の内面までもが分断されていったのです。

自然界の循環が放射能を濃縮させる

安全・安心を第一とし、めざす方向性が一致するはずの有機農業者同士でも、汚染状況をどこまで調べるのか、どこまで情報公開するのかで、意見が食い違うことがあります。それは小川さんが営むチャルジョウ農場でも起きました。

きっかけは、宮城県で放射能に汚染されていたことが判明した稲わらです。宮城県外にも広く流通し、喜多方市でも少なくとも二軒の畜産農家に使われていたことが七月に明らかになりました。チャルジョウ農場はトレンチャーによる溝施肥を行い、溝に大量の堆肥を投入します。自分たちで集めて発酵させた落ち葉堆肥に加えて、畜産農家から牛糞堆肥を購入していました。その購入先が、二軒のうちの一軒だったのです。

その畜産農家は他からも稲わらを購入しており、汚染された稲わらだけを使用していたわけではありません。だから、チャルジョウ農場が購入した堆肥が汚染された稲わら由来の放射能を含んでいたかどうかは、定かではありません。また、堆肥はすでに土中深くに施され、その畝には間もなく収穫期を迎えるトマトが植えられていたので、掘り起して調べることも困難です。トマトはまだ未熟で、放射能が移行しているかどうか、すぐには調べられませんでした。

ただし、汚染された稲わらを使用していた農家から堆肥を購入し、畑に投入したことは事実です。そのことを消費者や流通業者に事前に伝えるべきか。広く公表すべきか。光さんの息子で農場の現場責任者である小川未明《みはる》さんと研修生の間で、意見は大きく食い違ったのです。

研修生は、現状を包み隠さず公表すべきだと主張しました。一方、未明さんは畜産農家の友人でもあります。一連の問題で、彼が自殺してしまうのではないかと心配されるほど深く悩んでいることを知っていました。だから、結果がはっきりしない段階で公表すると、さらに追い詰める可能性があることを気にしていました。

この問題は、安全な食を提供するために情報を徹底的に公開するという可視化だけで解決できるほど、単純ではありません。さまざまな事情が加わることで、より複雑化していきます。しかも、有機農業にとってもっとも重要な要素の崩壊を示唆していました。それは、放射能汚染が自然の摂理では解決できない結果を生み出したということです。

早稲谷のように清らかな水と豊かな森に囲まれた環境下で農業や子育てができるのは、生活の多少の不便を差し引いても、何ものにも代えられない素晴らしい価値でした。ところが、放射能汚染が広がると、土壌からだけではなく、野生動物の肉、自生のキノコ、さらに腐葉土（落葉・落枝が微生物やミミズなどに分解されて土状になったもの）や畜糞からも高い放射能が検出されていきます。原発事故直後に直接降下した放射能の付着による影響だけではなく、牛糞堆肥のように自然界の循環が放射能を濃縮させるという事実が明らかになりました。

コンクリートとアスファルトに囲まれた都市部では、放射能はあまり吸着されずに、雨などで下流部へ移動します。これに対して、土に付着した放射能は雨などによる流出量は限定的です。やがて草木に根から吸い上げられ、落ち葉や枯れ草となって再び土に戻ります。つまり、生態系の豊かなところほど放射能が溜まり、自然の作用で循環し続けるのです。そして、自然に接する機会が多ければ多いほど被曝の危険にさらされ、生物多様性が豊かであればあるほどこの循環によって、さまざまな生き物に影響を与えてしまいます。

だから、子どもたちが気軽に土や自然に触れることを避けなければなりません。有機農業の基本である自然の循環の利用、落ち葉や米糠、畜糞などの有機質肥料の使用が、躊躇されるのです。土に根ざして生きていくこと、自然の力を生かして生きていくこと、加えて地産地消、身土不二、資源の地域内循環が否定される。この事実は、有機農業者にとって耐え難いものでした。同時に、ここに放射能汚染の本質があり、恐ろしさがあるのです。

希薄化していた関係性

さらに、放射能汚染によって有機農業界にもう一つの問題が明らかになりました。それは「提携」という有機農業のもっとも重要な理念のゆらぎです。日有研は一九九九年に提唱した「有機農業に関する基礎基準」で生産者と消費者の提携を掲げ、「生産者と消費者が友好的で顔のみえる関係を築き、相互の理解と信頼に基づいて共に有機農業を進める」と謳いました。

ところが、福島県二本松市で四〇年以上にわたって有機農業を営んできた大内信一さんによると、個人消費者の約六割が原発事故をきっかけに提携を解消したというのです。規模が小さく、販売先も限られていて、提携と呼べるほどの関係を十分に築き上げていないひぐらし農園では、経験のないことでした。この事態は、会津より汚染が深刻な中通りだから起きたことかもしれませんが……。

しっかりしたデータに基づいて消費者に伝えれば、提携という厚い信頼関係で結ばれているのだから、風評被害を乗り越えられると私は思っていました。しかも、大内さんは福島県の有機農業界の草分け的存在であり、栽培技術、販売、地域への貢献、知名度のいずれをとっても県内随一です。

にもかかわらず、現実は予想以上に厳しかった！　これは、私にはもちろん、有機農業にかかわってきた者すべてにとって衝撃的でした。また、こうした現象は福島県のみならず、北関東でも起きていると聞きました。

この事実は、有機農業の基本理念である提携の意義が問い直されていることを示していると思います。提携という考え方が間違っていたというのではありません。今後、研究者による究明が必要ですが、あえて現時点で推測するならば、「友好的で顔のみえる関係」という言葉ばかりが一人歩きしていたのではないでしょうか。有機農業が認知され、急速に広まったために、生産者と消費者の間に、提携がめざしたような本当の関係の確立がむずかしくなっていたのではないでしょうか。

私は、JAS法(農林物資の規格化及び品質表示の適正化に関する法律)に基づく有機JAS制度(国の認証による有機JASシールの貼り付け)は、生産者と消費者の関係性を無機質化し、「誰が食べるか知らない」生産者と、「生産者の顔が見えなくても大丈夫」な消費者を増やしていくことになりかねないと考えています。そこに発生するのは、生産者=安全な農産物の提供者、消費者=お得意様という、単純で一方通行の利害関係でしょう。

その結果、農産物を食べることをとおして生まれるはずだった顔の見える関係、お互いの暮らしや農の風景などへの想像力やつながりが失われていくと思います。有機農業の広がりとは裏腹に、提携という有機農業界の本道にも、こうした弊害が入り込んでいたのかもしれません。

再三述べているように、提携とは、単に農家と消費者が顔見知りであるというだけではなく、農産物を通じてお互いの暮らしを想像し、相互に支え合い、喜びも苦しみも分かち合うことです。今回の問題は、提携の理念を問い直し、広げるための方法論の再考を促しているのではないでしょうか。

研修生時代に金子友子さんが話してくれた「困ったときは、親戚よりも消費者のほうがはるかに頼りになるのよ」という言葉が思い出されます。一方で、こうした深いつながりを必要とすることが、想像力を働かさずともすむようになったいまの脆弱な社会において、有機農業の普及を妨げる障害でもあるのです。

このように放射能汚染は、曖昧にしてきたことを包み隠さず露呈させる作用もありました。豊かさとは何か、家族・仲間とは何か、安全・安心とは、有機農業とは、提携とは何なのか。それらすべてが問い質されたと思います。

二〇一一年の年末に発表された、この一年を表す漢字は「絆」でした。しかし、私はこの言葉をすんなりと受け入れられません。原発事故に右往左往させられ、数々の不条理を味わった福島県民の多くも、同じ気持ちではないでしょうか。

5 有機農業の再生をめざして

横の連携を深める

農業技術の面で放射能汚染にどう対処すべきか。自然循環という有機農業の根本であるシステムが否定されかねない状況下で、同じ苦しみに直面している福島県内の有機農家がどうしているのか知りたい。この点で、福島県有機農業ネットワーク（以下「福島有機ネット」）は私にとって非常に大きな存在です。福島有機ネットは、二〇〇九年二月に開かれた「農を変えたい！東北集会inふくしま」の実行委員会が中心となって、この集会後に結成されました。

福島県には有機農業を実践している農家は数多くいますが、横の連携が弱いと言われてきました。もっとも、これは福島県に限らず、どこでも同じ傾向のように感じます。有機農家は自分の信念を伝えたり仲間を増やすことには熱心でも、県単位のような広い範囲で連携して行動する意識に欠けている場合が多いのではないでしょうか。

一方で、二〇〇六年一二月の有機農業推進法の施行に伴い、都道府県に「有機農業推進計画」を定めることが義務付けられました。その際、有機農業者の声を反映させなければなりません。しかし、行政側からすれば、組織化された実践者集団が存在しなければ対応が困難でしょう。最悪の場合、現場をよく知らない学者と有機農業の見識がない農業関係者から形だけのヒヤリングをして、中身のない絵に描いた餅のような推進計画になりかねません。

ですから、県内の有機農業者や研究者がネットワークを組み、窓口を明確化する必要があったのです。こうして福島有機ネットワークは、地域や農法の壁を越えて、福島県の有機農業推進に一役かうために結成されました。

被災農家の支援

三・一一後、福島有機ネットの役割は激増します。放射能汚染という未曾有の事態に、個々の有機農家ではとても対応しきれないからです（地域の農業団体も対応できていません）。

震災から間もない四月中旬に、郡山市の福島県農業総合センターで臨時役員会が行われました。役員には福島第一原発から二〇㎞圏内の農家もあります。安否が心配されていましたが、久しぶりにお会いできました。津波の被害はなかったものの、居住地が避難指示区域に設定され、一家で避難生活を送っているとのこと。とつとつと語る表情からは、土に根ざし、長い年月をかけてつくりあげてきた農地から引き離された苦悩がありありと見てとれます。それは、その数日前に石巻市で出会った被災者の方々とは明らかに違う、厳しく暗いものでした。

臨時役員会の目的は、それぞれの情報の交換です。会議には農業総合センター有機農業推進室の職員も加わり、県の対応や情報も聞くことができましたが、彼らも暗中模索している様子でした（この時点では、福島県には放射能測定器がなく、モニタリングはすべて外注）。私たちが求めたのは正確な情報です。近況や安否と、汚染状況や除染に関する情報を交換後、集まる機会を増やすことを確認しました。

その後、福島の有機農業を応援したいという申し出が続々と福島有機ネットに舞い込みます。そして、代表の菅野正寿さんが理事を務める二本松市東和地区の「ゆうきの里東和ふるさとづくり協議会」には支援を兼ねて研究者が次々と入り、行政では行き届かない細かいデータが蓄積されていきました。あわせて、こうした支援や汚染状況の把握を全県に広げていくために、福島有機ネットの組織力をより強化しようと、ＮＰＯ法人化を決定します。

田んぼの灌漑水の除染講習会（2012 年 4 月、山都町）

国や福島県の放射能汚染への対応は、まだまだ不十分です。そもそも、これだけ広範囲に及ぶ汚染に対して、行政だけでの対応には限界があります。生産者としての責任と誇りで、自ら農産物や土壌を調べていくしかないでしょう。

福島有機ネットでは各農家がより細かい測定を行うための支援体制が必要と考え、ＮａＩ（ＴＩ）

シンチレーション検出器を四台導入。さらに、土をサンプリングしなくても、土壌中のセシウム含有量を計測できる非接触型の高性能検出器も導入し、詳細な土壌マップを作成できるようにしました。ＪＡのような組織に属していないから、小農や兼業農家だから、あるいは自給的農家だからといって、測定の機会が十分得られないということがあってはなりません。ところが、福島県の食品モニタリング調査や土壌検査は、自治体が指定した作物や圃場に限定されていました。

そこで、土壌調査に協力してくれた研究者を招いての技術講習会などを頻繁に開催し、多くの人に放射能に関する情報を提供していきます。また、風評被害で売れずにいる農産物の販売支援も行いました。福島有機ネットの社会的役割はきわめて大きいのです。

新しい価値観に基づいた農業の発信

私が自分に与えた社会的役割の一つに、有機農業の振興への積極的参画があります。その意識がこうした素晴らしい出会いにつながりました。福島有機ネットがなければ、中通りや浜通りの有機農家が直面していた厳しい状況は熟知できなかったでしょう。また、多くの研究者の方々との出会いやアドバイスを直接聞く機会もなく、放射能汚染の対処方法や基本的な知識さえも得にくかったと思います。

そして、何より大きいのは、今後の福島の農業の進むべき方向性を多くの仲間と共有できたことです。福島の農業を再生できるかどうかが、日本の農業の将来を左右する。これが福島有機ネットにかかわっている有機農家や支援者の共通認識です。それは、放射能検査をして安全性を可視化するとか、それによって風評被害を乗り越えて日本全体で福島の農産物を買い支えるとか、農地の除染方法や放射能の移行を最小限に食い止める栽培法を開発するというだけではありません。科学的データをふまえたうえで、新しい価値観に基づいた農業を発信していくということです。

三・一一を機に、既存の価値観は大きく変わらざるをえないでしょう。食の安全・安心の意識も変わらざるをえません。

飽食のいま、食へのこだわりは、いのちを育むというよりも、欲求を満たすという部分が大きくなりがちです。その欲求は、いわゆる美食に限らず、健康食・自然食にも及んでいます。もし自分や家族の健康だけを意識して有機農産物にこだわるとするならば、その人が求めているのは安全・安心というレッテルだけです。極端に言えば、自分の求める安全の条件さえ満たしていれば、生産者が誰でも、産地がどこでもよいのです。本人は認めないでしょうが、そういう人にとっての有機農産物は、欲求を満たす嗜好品にすぎません。彼らにとって、今回の放射能汚染はどう映ったのでしょうか。

また、いままで食の安全・安心をあまり意識していなかった人たちも、突然の放射能汚染によって、否応なく安全とは何かを突きつけられ、パニックに陥っています。

そうした人たちが求めているのは、国が示した安全基準であり、情報です。彼らは基準値と検査結果を照らし合わせて安全かどうか判断し、安心感を得ようとしています。しかし、安全と安心がすぐに結びつかないのは先述したとおりです。安全は科学的データで判断できますが、安心はそれだけでは生まれません。安心は心の問題であり、それを導き出すのは関係性です。人と人、すなわち生産者と消費者が結びつくことで、安心感が生み出されるのです。

現在の日本では、ほとんどの人は食に対して無機質で希薄な関係性しか有していません。テレビや広告、インターネット上での評価、あるいは陳列された農産物に付いたポップなどをとおしてしか、食の情報が得られていないのです。その程度のつながりでは、不安は解消されません。だから、必要以上にパニックになり、風評被害も生まれているのでしょう。

その行きつく先は、完全無欠な食べ物すなわちゼロベクレル神話です。そして、有機ＪＡＳ制度は有機農産物の無機質的な情報化である以上、この状況下ではまったく無力です。

私たちがめざすべきは、目の前の食材の科学的データや格付けだけではなく、生産者と消費者、さらにそれを取り巻く環境までが見渡せる新しい関係性を生み出し、つながる仕組みを創ることです。これは、原発依存社会や市場経済がめざした単純化・分業化・効率化・集約化といった関係性――むしろ関係性の破壊といったほうがよいかもしれませんが――とは正反対な形でしょう。農家が自然環境と正面から向き合って作った農産物を、その過程や想いを受け入れながら消費する。そこには、データが示す安全性よりもはるかに強い安心感が生まれます。

これは、提携の理念にほかなりません。

つながる時代、下りる時代

これまでの社会は、広がること、上ることを是としてきました。たしかに、グローバル化の流れはこれからも進んでいくでしょう。多くの人たちは今後も経済成長を望むでしょう。それらをすべて否定するわけではありません。しかし、そうした思想の結果が原発事故につながったのだとしたら、私たちは進むべき方向を修正しなければなりません。原発事故は明らかに、人為的ミスによる公害です。運転操作を誤ったというレベルの技術的なミスを言っているのではありません。原発の存在を許してしまったこと自体が間違いだったのです。

これは、人類が今後どう生きていくかという哲学・倫理観の問題です。安心して豊かに暮らしていくためには、原発はあってはならない。人類の発展に必要なのは、原発のような無機質な最先端の技術ではなく、人と自然に優しい技術です。私たちは被災者として、後世のためにもこれをはっきり言わなければなりません。

これからは、広がるのではなく、つながる時代です。人と人がつながる。人と自然がつながる。別の表現をすれば、上るのではなく、下りる時代です。

定常化を迎えたいま、上りばかりをめざしていては格差が広がるばかりです。経済用語に、踊り場という言葉があります。景気が鈍ってきたときに使われますが、定常化はそれとは明らかに違う時代の転換を表しているのです。時代遅れだとして捨ててきたものを見つめ直す。上ってきた階段の踊り場で思案に暮れて立ち止まるのではなく、再確認のためにいったん下りてみる。

私が好きな登山では、登りよりも下りのほうが体力を使うし、技術も要します。視野が狭くなるので、慎重な行動をとらなければなりません。登るルートを間違えたと気づけば、速やかに撤退しなければなりません。判断が遅れれば、遭難につながります。

原発事故は社会が進むべきルートが間違っていたことを表すと同時に、その対応をめぐる混乱は下りることのむずかしさを示しています。でも、きちんと下りられないのなら、最初から登るべきではありません。

有機農業が有機的なつながりを創り出す

偶然にも原発とほぼ同じ半世紀という歴史をもつ有機農業が、こうした未来のあるべき関係性、有機的なつながりを創り出せると、私は信じています。かつて有機農業は、個人がめざす理想の世界＝生き様の表現方法にすぎないといわれました。そこには一貫して、社会に適合しない異端児という見方があったように思います。

しかし、有機農業は単なる農法ではなく、新しい社会を創るための運動です。自然を上手く生かす持続性のある技術はもちろん、人や自然に対する関係性をもっとも重視しています。つながる時代、下りる時代にふさわしい技術を持ち合わせているのです。幸い有機農業推進法も施行され、体制は整いつつあります。有機農業の方向性は、新たな時代を創るための新しい価値観の創造の源となり、実践の指針になるでしょう。

東日本大震災、さらに原発事故、放射能汚染がきっかけとなって、新しい農業の時代が到来すると私は予感しています。既存の体制と価値観では、これらの問題が解決できないことは明らかになりました。先にも述べたように、福島の農業を再生できるかどうかが、日本の農業の将来を左右します。だからこそ、もっとも安全・安心を脅かされ、土や自然にあらためて向き合うことを課せられた福島県の有機農業者が先頭に立って、手を差し伸べてくれた理解者たちとともに、進むべき道を示していくのです。

第9章　社会の根幹としての農

自宅の近くで2011年夏から開いている「相川百姓市」

1 中山間地で暮らし続けられる仕組みをつくる――百二姓ネットワーク

廃校となった小学校の跡地利用計画

話は東日本大震災発生の一年ほど前にさかのぼります。二〇一〇年三月に、長女が通っていた全校児童一三人の山都第二小学校が廃校となりました。一四〇年近い歴史があり、多いときには二〇〇人以上を数えたそうですが、過疎化で児童の減少が止まらなかったのです。校舎は平成になってから建て替えられた二階建てで、広いオープンスペースを有し、木目調をふんだんに取り入れた、素敵な雰囲気。ランチルームやフリールームもあり、教室と廊下を区切る壁も一切ない、自由で明るい空間でした。

急激に膨らんだ新興住宅地で育ち、世代的に団塊ジュニアに近かった私は、全校児童が一〇〇〇人を軽く超えるマンモス小学校に通っていましたから、それとはまったく逆の環境をうらやましく思ったものです。しかし、行政の立場からすると児童が少なすぎる学校は迷惑な存在らしく(廃校理由の建前は、小規模校では社会性や集団規律が身につきにくいということでしたが、はたしてどうでしょうか?)、地元からの強い存続の要望がなかったこともあって、あっさり廃校となりました。学区は旧早稲谷村のほか二つの旧村にまたがっていましたが、いずれも限界集落に近く、地域で学校を支えようという気力はすでに失われていたのです。

学校は地域の英知と和のシンボルであり、同窓会は郷愁の場となり、地域の行事の中心的役割を果たしてきました。今後も地域をまとめる施設として、何らかの形で存続できないものでしょうか。全国各地で同様の事情で廃校が相次いでいたので、その利用法を調べてみると、さまざまな取り組みが行われていました。地域活性化のヒントになりなそうなものも少なくありません。

折しも、二〇〇三年に福島県内の川内村から山都町相川地区に移住し、「食工房」という天然酵母のパン屋を営んでいる青木幹夫さんが、山都二小学区に住む人たちが主体となって、旧校舎を利用した地域活性化のためのプロジェクトを立ち上げようと提案。私を含めて呼びかけに賛同した人たちで、「二小プロジェクト」が発足しました。地元の市会議員や行政区長さんも加わり、約一〇名がメンバーです。

喜多方市は遊休施設の有効利用という目的で、廃校の三カ月後に跡地の利用者を公募しました。私たちの基本コンセプトは、学校跡地を利用するのだから「学ぶ」です。「知るは楽しみ、学びは究極の遊びです！」と銘打ち、「出会いの場・つながりの場を提供し、同時に学びの場となる空間を作る。それが地域の真の活力を生み出す」として、複数の取り組み＝サービスの集合体・拠点をめざし、以下のような計画をたてました。

①地元の人同士あるいは地域外の人と交流できるコミュニティカフェ。
②地域の隠れた資源を掘り起こして共有するワークショップ。

③特産品や農産物を販売する直売所。
④空きスペースを有効利用するための賃貸オフィスや賃貸ギャラリー。
⑤地域の知識や知恵を集めたライブラリー。
⑥放課後や夏休みに子どもたちが安心して遊び、学習できる寺子屋。

このプロジェクトは、ひぐらし農園の社会的役割(第7章5参照)のなかで、①土地と風土を生かした自給的暮らしの実践や、③農業と共同体の存続、地域活性化のお手伝い、を満たす野心的な内容です。さらに、堰浚いボランティアの活動を他の堰にも広げていきたいと常々思っていたので、二小跡地をその活動拠点にできないだろうかと考えました。校舎がボランティアの宿泊場所や交流会場になれば、堰浚いボランティア拡大に合わせて二〇〇五年に設立した堰と里山を守る会の負担も分散し、より多様な展開が期待できるでしょう。

なお、堰と里山を守る会のメンバーは、水利組合員と、入会を希望したボランティア参加者です。ボランティアの受け入れ実務や「上堰通信」の発行、上堰米の取扱いを行っています。

あえなく落選

農産物直売所については、喜多方市の審査結果を待たずとも実行可能です。やる気をアピールするためにも先行実施を決め、野菜が本格的に採れ始める七月から毎週日曜日に、日曜市と称して始めました。中心になったのは、前年に相川地区にUターンしてきた、山都二小卒業生でもある板橋大君（一六九ページ参照）です。

ただし、過疎の山の中、しかも行き止まり道路沿いという、きわめて不利な地理条件で、本当に人が来るのか心配でした。しかも、品ぞろえが充実しているわけでも、特別安いわけでもありません。小さな日よけテントが二つ並ぶだけの簡素な直売所です。

ところが、ふたを開けてみると、驚くほど反応がよく、来客は毎回三〇人を超えました。理由は、大君の気さくな人柄と、二小プロジェクトの各メンバーが蓄積していた情報発信力、なかでもコアなファンを多くもつ青木さんの影響が大きかったと思われます。認知度が上がるにつれ、近所の方々も様子見がてらに訪れ、子どもたちも集まってきて、地元の新しい交流空間となりました。

七月下旬には、喜多方市会議員を含めた市関係者、学識経験者、関連する周辺の行政区区長さんが加わった審査委員会で、前述の計画をもとにプレゼンテーション。私たち以外に参加したのは二つの団体です。非公開だったので、他団体がどんなコンセプトで何をアピールしたのかはよくわかりません。でも、私たちが提案した地元住民による地元のための計画が評価されると信じていました。しかし、残念なことに私たちの計画は非採用。さらに、審査結果はダントツの最下位であると後日告げられたのです。

結局、山都二小跡地は、地元医療法人が提案した特別養護老人ホームになりました。小学校が老人介護施設に変わる。時代と地域の状況を象徴していますし、当面の選択としては堅実かもしれません。医療法人ですから、運営や資金、信用の心配はないし、地元の人も新たな雇用の可能性が近くに生まれたと素直に喜んでいました。とはいえ、現実に即してはいるものの、特別養護老人ホームの建設で先細りに向かっている地域の流れが変わったり、未来が開けたりはしません。行政側の判断に失望するとともに、自分たちの力と信頼度の不足を強く感じる結果でした。

いま、あらためて私たちの計画をみると、やや大風呂敷を広げすぎたというのが正直な感想です。地域活性化に貢献したいと強く思っていても、メンバーにはそれぞれ日々の仕事や暮らしがあり、二小プロジェクトの活動だけに特化はできません。一二年間続く堰浚いボランティアは、たくさんの人が参集するのは年一回ですし、イベントではなく共同作業の一環として行っています。日常生活に深く結びついているからこそ、継続していると言えるでしょう。

交流の場としての百姓市

残念な結果になったとはいえ、一つの目標に向かって地域の課題を話し合い、地域を盛り立てようと思う仲間との間に強い信頼関係が生まれたことは、私にとって非常に貴重で、地域通貨LETS会津を立ち上げたとき以来の充実感でした。その気持ちを心のなかにあっさり収めてしまうわけにはいきません。それは他のメンバーも同じでした。

そこで、ほぼ同じメンバーで「百二姓ネットワーク」(以下一〇二ネット)と名前を変え、一一月に再スタートしました。山都二小の「二小」と、多職の民である百姓が生業を超えて地域のために活動していくという意味の造語「二姓」を、掛け合わせたのが名前の由来。具体的な目標は、山都町のような中山間地で暮らし続けられる仕組み、地域の収入につながる仕組みをメンバー個々の過度の負担なくつくり出すことです。

第一弾として、二〇一一年に「相川百姓市」と名付けた農産物直売所を山都二小近くの空き地にオープンすることを決めました。前年に始めた直売所の進化版です。出店者の増加、品ぞろえの充実はもちろん、一番重視したのは遠くからでも何度も来たくなる仕掛けを盛り込むこと。テントを増やし、板橋君に加えて、私や青木さんも必ず店頭に立つようにしました。期間は野菜が豊富な七月～一〇月の限定で、毎週日曜日。既存の直売所のように、単に農産物が陳列されているだけではありません。生産者が相対で売るいわゆるファーマーズマーケット方式で、安心感や親近感が得られるように心がけました。

この百姓市を交流と地域の魅力を伝える場としたいというのが、私たちの思いです。そのために、畑見学会、本木上堰散策ツアー、地元カレー名人たちによる真夏のカレーパーティー、地元の若者たちが中心になって結成されたジャンベグループによるミニライブなどのイベントも盛り込み、遠方からでも来たくなる雰囲気ときっかけづくりに努めました。青木さんは、来訪者に淹《い》れ立てのオーガニックコーヒーを無料で提供。相川の住民がコーヒーを飲みながらくつろぐ姿も見られ、来客数は前年から倍増したのです。

また、意図していなかった波及効果もありました。当時は原発事故からまだ数カ月。放射能汚染という状況で、何を信用したらよいか、何が安全なのかがわからず、不安ばかりが募っていた時期です。相対で買える安心感、放射能汚染の検査結果を店頭に明示して情報を公表しようという姿勢が評判を呼び、わざわざ中通りから来られる方までいました。

もちろん、品ぞろえや集客力という面ではまだ物足りません。とはいえ、これから発展する雰囲気を十分に感じさせるものがありました。地域の人が気軽に集う場としての可能性も感じられ、本格稼働一年目としては上々の手ごたえです。二小プロジェクトのような大きな目論みではなく、自らの生業の延長線上の身の丈に合った運営が功を奏して、精神的にも肉体的にも充実感がありました。これこそが継続性の原動力となります。

地域づくりに残された時間は少ない

ただし、一〇二ネットのさまざまな活動が今後もっと広がっていくかに関しては、私の経験上むずかしいかもしれないと考えています。それは、弱体化した地域で活動するにあたって必要な時間や人材や資金が、有志の集合体にすぎない状況では生み出せそうもないと感じるからです。こうした地域づくり活動でそれなりの収入が得られれば、それにこしたことはありません。でも、そうなるためには専門性と時間、資金が必要です。

一方で私は、一〇二ネットがそうしたプロ集団にならなくてよいとも考えていました。農業は第7章で見てきたように、地域の地場産業というだけではなく、景観や風土、文化と深く結びついています。農業の継続が地域を守ることにつながります。農業を生業とする人、地域に住んで農業にかかわる人が増えていくことが、一番重要です。だからこそ私は、有機農業という生業を軸に据えて、その延長線上で地域のためにできること、つまりひぐらし農園としての社会的役割を果たしていくことを念頭に、早稲谷という山村に暮らし続けてきました。

その過程で地域通貨やマイ醤油プロジェクトなどにかかわってきましたが、いずれも完結せず、能力不足が原因と反省しています。でも、まず力を傾けるべきは生業の確立であり、もっとも避けるべきはいずれも達成できないことです。したがって、ここ数年間に山都町に移住してきた一〇二ネットのメンバーには、生業を疎かにしてまで地域づくり活動にのめりこむことは勧められないと、自分の体験から思っていました。まずは楽しみながら続けることが大切です。百姓市は、それにぴったりの空間になりそうな予感がしました。

しかし、そんな試行錯誤の間にも時間は流れ、過疎化や耕作放棄地の拡大は容赦なく進み、地域に暗い影を落としています。農山村に伝わる技や知恵も、それを知るお年寄りが亡くなれば永遠に失われてしまいます。いまや一刻も争う事態です。

埋没しつつある地域の資源に再び光を当てるためにも、地域づくりに特化したプロフェッショナルな人材が必要で、しかもスピードが求められています。そのためには、同じように忸怩たる思いで過ごしている仲間が集まった一〇二ネットをより機能的にしていく必要があるのは間違いありません。一〇二ネットのメンバーのスキルを上げ、素早く対応することが今後の課題でしょう。

2 有機農業による自立をめざす——あいづ耕人会たべらんしょ

会津・山都の若者たちの野菜セット

地域活性化のための活動を持続させていくには、生業としている有機農業による自立が重要です。むしろ地元の人から見れば、農業でろくに生計もたてられない半人前に地域のことをとやかく言われても……というのが本音でしょう。もともと農村部の人たちは、口先よりも実践とその継続を何よりも重視するし、農業そのものが地域の景観、風土、文化形成の根幹をなしています。地域の活性化よりも、まずは自分自身の自立。それが、地元に認めてもらうための第一歩であり、地域の活性化に直結するのです。

せっかく山都町に集いつつある新規就農希望者に、私と同じような気持ちがある以上、彼らがよりスムーズに農業で生活でき、余力をもって地域づくり活動に参加できる仕組みづくりが重要になります。それは同時に、私自身の生活の安定と地域づくり活動へのステップアップにつながるでしょう。

そう考えて、二〇〇九年春に有機農業生産グループ「あいづ耕人会たべらんしょ」（以下「あいづ耕人会」）を山都町の新規就農者で結成しました。たべらんしょは会津の方言で、「どうぞ、めしあがれ」という意味です。目的は、①有機農業をめざして山都町に来た新規就農者が共同出荷することで、規模が小さくても、あるいは収穫量が少々安定していなくても、単品納入を希望する流通組織などにも対応できるようにすること、②技術交流や情報交換をとおして個々の能力（農業技術）の向上を図ることです。もっとも、それは結成後につけた理由であって、真相はちょっと違います。

本当のきっかけは、小川光さんの営むチャルジョウ農場の研修生たちがミニトマトの売り先開拓に苦戦していると知り、有機農産物の大手流通組織である「大地を守る会」の職員・戎谷《えびすだに》徹也さんに相談を持ちかけたことです。大和川酒造店が大地を守る会のオリジナル日本酒「種蒔人」を醸造している関係で、毎年二月の初搾りに合わせて大地を守る会の消費者が訪れ、酒蔵交流会を開いていました。戎谷さんとはその交流会がきっかけで、一〇年以上の付き合いです。

戎谷さんは本木上堰の堰浚いボランティアに二〇〇八年から毎年来ており、山都町の状況や私たち新規就農者の事情をよく理解しています。そこで、社内に掛け合って、決して条件に恵まれていない豪雪地帯の山間地で農業を始めた若者たちを全面的に応援しようというコンセプトで、「会津・山都の若者たちの野菜セット」という企画をつくってくれました。

大地を守る会の野菜セットは通常、契約している全国各地の篤農家が栽培した野菜を詰め合わせるというスタイルです。それに対して、就農して間もない山都町の新規就農者たちの野菜を丸ごと一つのセットにしてしまおうという、きわめて挑戦的な企画でした。もちろん、出荷が決定される前に農産担当のスタッフが畑を視察し、実力を見極めたうえでの決定です。ただし、チャルジョウ農場では、販売用にはミニトマトのほかに、メロンやインゲンなど数品目しか作っていません。そこで、私や同じく新規就農者の永井秀幸さんたちも加わり、あいづ耕人会を結成したのです。

私は提携によるセット野菜の出荷形態にこだわっているし、また化石燃料系資材の利用も極力減らし、農薬を使わないためにも、無理な促成栽培は行わず、旬を重視しています。しかも、少量多品目栽培で一品ごとの生産量は少ないため、それまでは流通組織へはまったく出荷していません。同時に、会津のような大消費地から離れた地域で、提携だけで十分な収入になる個人消費者を獲得するのはむずかしいことも、十分体感していました。そもそも、長期間提携関係を続けられるような理解ある消費者と出会うことは、場所を問わず、そう簡単ではありません。

だからと言って単品で勝負しようとしても、山都町の山間部では広い畑は少なく、どうしても農地が分散するので、コストで勝負するほどの規模の展開は困難です。冬期のハウス栽培は積雪のため困難で、栽培期間も限定されます。規模の小さな農家が結集して協力することで、流通組織に農産物を提供する必要性を前々から感じていました。こうした事情を説明して取引先の理解を得られるかどうかが、最大のネックです。

大地を守る会は、あいづ耕人会の生産規模と技術、特性に理解を示して、この異例の野菜セットを企画してくれました。これは私たちにとって本当にありがたいことです。やや自画自賛的になりますが、堰浚いボランティアの取り組みが山間地農業の直面している問題のより深い理解を呼び起こし、この企画に結びついたと思います。

そして、うれしいことに、この野菜セットは味と品質の両面で消費者から好評を得て、決して同情や支援だけで成り立っているわけではないことを証明できました。なお、私が出荷しているのは、自慢の山都町在来種の庄右衛門インゲンや会津丸ナス、香り枝豆をはじめ、ズッキーニ、キュウリ、ピーマンなど提携する消費者向けと同様の少量多品目栽培の野菜です。

小さいながらも自立と継続をめざす

あいづ耕人会は、いつまでも新規就農者の営農集団という位置に甘んじず、特徴ある生産者団体として成長していかなければなりません。大地を守る会には野菜セットのほかに、二〇一一年から庄右衛門インゲンや香り枝豆など会津の在来野菜を納入しています。生産条件が厳しいなかで大産地と競合する農作物を作っていては、購入相手の理解があったとしても、あるいは美味しいと評価されても、価格競争という市場原理に巻き込まれかねません。会津在来種な

あいづ耕人会のメンバーたち

ら競合しにくいし、風土に合っているから作りやすい。そして、何よりも美味しいのです。

最近は相川百姓市に来たお客さんが取り持ち、いろいろな流通組織や仲介者とのかかわりが生まれ始めました。会津で良質な農産物を作る小さな農家のために、なかばボランティアで東京方面へ良質な農産物を紹介している「緑の風ネットワーク」や、NHKの『プロフェッショナル』に紹介された東京・多摩地域を中心とするスーパー「福島屋」などです（まだ本格的な取引にまでは至っていません）。

ただし、あいづ耕人会としては、山間地農業の現状を理解していただき、少量多品目栽培と旬の重視を貫き、特徴ある在来種の野菜を中心とした出荷を一貫してお願いしています。私たちの社会的役割を伝えなければ意味がないからです。小さな農業でも続けられる仕掛けを、多くの人たちの理解と協力を得てつくっていく必要があると考えています。

同時に、参加メンバーには、みんなが同じ方向に向いていくのではなく、消費者との提携、百姓市などのファーマーズマーケット、加工、農家レストランあるいは半農半Xなど、それぞれの営農スタイルと生活スタイルを追求してほしいと思っています。山間地では、大きな数戸の専業農家よりも、小さな多数の兼業農家の集合体が、ムラというコミュニティや農業インフラの維持に効果的です。

小さい兼業農家の継続をコンセプトにしている営農集団は、おそらく少ないでしょう。しかし、それぞれに合ったスタイル、耕地に合わせた営農が継続性をもたらすし、担える社会的役割も増え、多様化すると思います。小さいながらも、自立と継続性。それが山間地で暮らしを続けていくのに求められる要素であり、地域にとっても重要です。

新規就農者のために果たす役割

あいづ耕人会には、さらに担うべき役割があります。放射能汚染が広まってしまったいま、福島県で就農したい、有機農業をやりたいというチャレンジ精神あふれる人がどれだけ来るかはわかりませんが、仮にそうした人たちが現れれば、私たちは全面的に協力しなければなりません。実害にしろ、風評被害にしろ、福島の農産物が売れないことで、あるいは高齢化・後継者不足で、これ以上の離農が加速していけば、地域そのものが成り立たなくなります。

また、私個人の経験からすれば、有機農業を希望する新規就農者は周囲に理解者が少なく、孤立しがちです。有機農業が市民権を得てきたとはいえ、それは栽培方法など市場価値としての視点が主であり、少量多品目栽培や提携にこだわろうとすれば、いまでも近隣の慣行農家や農業改良普及所から一笑に付されます。さらに、有機JAS制度によって、手間と経費を要する有機認証を取得しづらい新規参入者の販売面でのハードルは高くなりました。加えて、有機農業技術は風土や土質によって微妙に変えていかなければなりません。

技術などのソフト面でも、機械などのハード面でも、地域に密着した技術指導や経験談が必要になります。販売先の支援や共同開拓も大切です。残念ながら、資金面ではまったく協力できませんが……。私はかつて作物の出来不出来が激しく、消費者を逃がしてしまったことがありましたが、グループ内で作物を融通すれば、こうした場合の一助にもなるでしょう。放射能検査での協力も含めて、あいづ耕人会が山都町で果たすべき役割は大きいのです。

3 社会性をもち、排他的にならない――ひぐらし農園のこれから

生計の維持と地域づくりの両立

毎年、年末には、早稲谷で最初に田んぼを貸してくれた山崎正光さんのお宅へ地代の支払いにうかがいます。二〇一一年は、いつも迎えてくれる茶の間のこたつではなく、奥の寝室に正

光さんがいました。数カ月前から体調を崩されていたのです。

小柄な正光さんは早稲谷で一番の炭焼き名人で、背負子に炭俵を背負って飄々と山を歩くイメージしか私にはありません。ベッドに寝そべる彼を見て、一六年という月日の流れを感じざるをえませんでした。初めてお会いしたときは現役の炭焼き職人で、地主から山の立ち木を買い、そこに窯を造って白炭を焼いていた姿が、忘れられません。いつかは炭焼きと窯造りの技術を教えていただき、冬の仕事は炭焼きという夢を描いていましたが、農業が本格化し、冬は酒造りと時間に追われる日々で、果たせませんでした。

正光さんは齢八五を超え、現在は外に出られないほど体調を崩されています。同じように、お元気なうちに昔の暮らしの様子や技・知恵・体験を聞いておきたかった方がたくさんいましたが、多くは亡くなられ、実現できていません。

かつては稲刈りのころになると、立派な稲架《はざ》が多く見られました。しかし、第5章で述べたように、年ごとにその数は減り、本木上堰周辺で最後まで残っていた稲架も二〇一〇年を最後に消えてしまいました。堰こそボランティアの力で維持されていますが、失ったものの大きさを考えさせられます。

受け継ぎたいもの、記録しておきたいものの担い手の多くは老人で、残念ながら時の流れには逆らえません。それらを体験し、記録し、受け継いでいくには、膨大なエネルギーが必要です。生計の維持と、地域づくりやふるさとを受け継ぐ活動の両立のむずかしさ。それは私のような移住者に限らず、地元の人たちがずっとかかえてきた共通の課題です。

貴重な営みを受け継いでいくために仲間が必要であることは、身に染みて感じています。LETS会津は対象地域が会津全般と広すぎて、出会うという効果はありましたが、つなぐ、続けるところまではいきませんでした。地域を山都町に限定した一〇二ネットは、参加者のエネルギーを集約しやすく、活動のスピードを上げることも可能かもしれません。決してプロフェッショナルな集団ではありませんが、今後の展開に期待したいと考えています。

農業インフラの維持

生業である農業の地域全体での持続にも、もっと力を入れていかなければなりません。そのとき、あいづ耕人会の発展と個々の農業収入の増大・安定化はもちろん、共同作業で管理している農業インフラの維持も大きな課題です。

実際、ひぐらし農園の一〇年後は明らかに厳しい状況が想定されます。なぜなら、堰の維持が一層困難になっていると予想されるからです。堰浚いのボランティアは毎年増加していますが、肝心の耕作者の高齢化は止まらず、世代交代が進んでいるわけではありません。二〇一一年春には早稲谷の耕作者が一気に四軒も減り、わずか五軒になりました。そのうち、四〇〜五〇代は私を含めて二軒で、残りは七〇代です。本木側と合わせても一四軒しかありません。

ひぐらし農園の収入の柱の一つは稲作です。堰が維持できなくなれば、作付けできる田んぼは激減するので、営農形態の見直しを迫られます。生産基盤がいつまで機能するかわからず、しかも個人ではどうにもならない。これは大きな不安要素であるとともに、個人や地域を超えた社会構造の問題です。

農業に、農村に、田畑に社会的役割がある以上、それらが個人の所有物とはいえ、放棄され、荒れていくのを見過ごすわけにはいきません。どんな形であれ、公共インフラとして維持する役割を社会が担うべきです。以前はムラという共同体がその役割を果たしてきましたが、早稲谷に限らず、多くの地域でその仕組みは限界にきています。

ところが、これほど差し迫った状況にもかかわらず、早稲谷では失望感と閉塞感が漂うばかりで、何一つ変わりそうにありません。自ら動き出す人がいないのです。地元が望んでいるのは、喜多方市が廃校になった山都二小を老人ホームに変えた行動と根は変わりません。目前の問題に対して、外部の力に頼ってカンフル注射を打ち続ける延命措置なのです。堰浚いボランティアさえ、実は同じ構図と言えるでしょう。

となれば、水路というハード面ではなく、耕作者の維持・確保も早急に行わなければなりません。内部から、地元住民が動いていくということです。しかし、本来なら危機感をもつべき後継者候補の動きは鈍く、崩壊の速度に追いついていきません。とくに、かろうじて現役を続けている七〇～八〇代の耕作者の子弟にあたる四〇～五〇代のふがいなさは際立ちます。もちろん、その理由はよくわかります。もっとも子育てにお金がかかる時期ですし、農山村・農業の不遇を一番目の当たりにしてきた世代なのですから。

津波で甚大な被害のあった地域では、一〇代や二〇代の若者たちの多くが、ふるさと復興のために地元に残って頑張りたいと言っています。一方、山村では同じく壊れつつあるふるさとを目前にしても、相変わらず活動する人が少ない気がするのです。それは、津波の被害のように、崩壊の様があからさまに目に見えないからだけでしょうか。

茶房千で行っていた放射能汚染の勉強会のとき、地元の人から、「Iターンでしがらみがなく、いつでも会津を離れられるから、好き勝手に騒いでいられる」と敬遠されたことがありました。でも、年々荒れていく田畑を見ると、本当に地域のことに真摯に向き合っているのは誰なのかと問いかけたくなります。

もっとも、理想論ばかり語ったところで、現実が変わるわけではありません。後継者を確保するには、金銭的な部分も大切です。ですから、堰と里山を守る会は第5章で述べたように、上堰米の消費者への直接販売によって、生産費以下になった米の単価を上げ、手取り価格の向上と後継者の出現をめざしてきました。それによる収入増はまだ微々たるものですが、可能性が感じられれば人は動くと信じています。一方で農業・農村の社会的役割が金銭面だけでない以上、荒廃していくふるさとをあきらめて傍観するのではなく、被災地の若者のように目の前の難問に挑戦してほしいとも思うのです。

同時に、堰と里山を守る会とボランティアの関係が、有機農業における提携のような形に発展できる仕組みを早急に検討する必要があると考えています。つまり、堰浚いボランティアや上堰米の販売という稲作に関するつながりだけでなく、地域ぐるみでの、より幅広い交流と支え合いです。たとえば、以下のことが考えられます。

①地域で収穫した農産物を定期的に提供する。
②より頻繁に人が行き来し、農作業、雪かき、道普請などの日常生活や共同作業を体験する。
③上堰米の販売を広げるために、ともに行動する。
④上堰米を使った日本酒を委託醸造し、飲んで支える。

現実的に即効性を期待するなら、理解ある企業とCSR（企業の社会的責任）の理念でつながるのもよいかもしれません。堰浚いボランティアの出発点は、利害関係ではありません。伝統を、風景を、田んぼを守りたいという気持ちが根幹です。だからこそ、堰と里山を守る会の取り組みを続けていきたいし、広がる可能性も大きいと思います。

自給・自立とはつながること

私は就農以来ずっと自給にこだわり、生きるのに必要なものを自分自身でなるべくまかなうことをめざしてきました。ともすると自給自足は、孤高の人のごとく、すべてを独力でまかなうことと思われがちです。しかし、早稲谷での暮らしをとおして得た答えは違います。直面した問題をつながりをもって解決することが自給の本当の意味だと思うようになりました。

自給とは、自分の衣食住を自分の手足で調達することだけではありません。山村という自然の厳しい環境で暮らしてみれば、ひとりの力がいかに小さいか実感できます。どんなに体力に自信があって、一日中這いつくばったところで、田んぼの草を完全には抑え込めません。それどころか、田畑に至る長い農道の管理もできません。だから、自給とはすべてを自力でまかなうことではなく、地域の多くの人とつながり、土や自然とつながって、行動をともにしていくことなのです。

いま社会全体で、人と人とのつながりが薄れています。高齢化と過疎化が進んだ地域では、自給も自立も地元だけでは不可能です。広い範囲でつながって、支え合い、協働していかなければなりません。そのためにも、堰浚いボランティア、あいづ耕人会、一〇二ネットなどの仲間や理解者が必要になります。

第8章で、これからはつながる時代だと述べました。ひぐらし農園のような小さな農家の奮闘が、冷静に見れば社会全体にとってはきわめて小さな活動でしかないとしても、周辺のムラと地域にとっては少なからず意味があると思いたい。地域のために何かをやろうと個人が集まり、つながったとき、それは個から共や公になっていくはずです。そんな小さな試みが各地で行われれば、いまの閉塞感はきっと解消されるでしょう。

ただし、限界集落といわれる山間地では、個の力だけではつながりきれず、ムラの崩壊の早さに対応できていません。対応するには、資金と人材が必要です。もはやＮＰＯなどプロフェッショナル集団との協力・協働がなければ対応できない。それが一六年を経ての率直な感想です。

このように課題も多いものの、山都町は他の地域と比べて多くの個性的な移住者が集い続け、地元住民との協働も始まって、ユニークな地域になりつつあります。地域にかかわることが楽しいという認識が、とりわけ若い世代に生まれてきました。それが明日への希望だと感じています。

民を担い手とする公共の形成と価値観の変革

願わくば、山都町が特別ではなく、ごく普通の地域であり続けてほしい。住んでいる人たちが日常からかけ離れた特別な努力をしなくても、穏やかに暮らし続けられるようになってほしい。新規就農希望者が特殊な能力をもたずとも、自活できるようになってほしい。誰もが暮らせる山間地。誰もがかかわれる地域づくり活動。農業に社会的役割があるように、農山村の存在そのものにも社会的役割があります。それゆえに、立地条件や経済性・利便性などで優劣をつけることなく、存続できるべきなのです。

そのためには、何度も指摘してきたことですが、農業が社会の根幹であることを早急に再認識し、社会全体で支えるという共通認識をもたなければならない。公共とは何かの認識を広げ、「民(人びと)を担い手とする公共」を形成する必要があります。

私は会津に来てから、いやそもそも有機農業を始めようと思ってから、一貫して価値観を変えようと主張してきました。まず、有機農業の世界に足を踏み入れることで、自分自身にまとわりついていた既存の価値観からの脱却を図りました。それ以降、社会が変わる必要性を多くの方に共感してほしいと思って活動してきました。山間地での就農も、地域通貨や一〇二ネットの試みも、すべてそれが根源です。

東日本大震災と原発事故による放射能汚染を経て、その方向性に間違いがなかったと確信しました。そして、そのスピードを上げることが必要だと強く感じています。

ひぐらし農園は、農業インフラが崩壊しかねない山村で営農を続け、地域づくり活動に深くかかわってきました。今後も、現状を広く内外に発信し、農業や農山村の社会的役割を伝えていきたいと思います。最後に、ひぐらし農園の信条を掲げて、しめくくりましょう。

「ひぐらし農園のめざす農業は『未来を拓く農業』でありたい。そのためには、社会性があり、永続的であり、科学的であり、誠実であること。そして、排他的であってはならない」

有機農業選書刊行の言葉

二一世紀をどのような時代としていくのか。社会は大きな変革の道を模索し始めたように思われます。向かうべき方向は、農業と農村を社会の基礎にあらためて位置づけること以外にあり得ないでしょう。

有機農業はすでに七〇年余の歴史を有する在野の農業運動です。それは新たな農業のあり方を示すだけでなく、地球と人類社会のあり方に関しても自然との共生という重要な問題提起をしてきました。時代の転換が求められるいまこそ、有機農業の問いかけを社会全体が受けとめていくときです。

この有機農業選書は、有機農業についてのさまざま知見を、わかりやすく、かつ体系的に取りまとめ、社会に提示することを目的として刊行されました。本選書の積み上げのなかから、有機農業の百科全書的世界が拓かれることをめざしていきたいと考えます。

〈著者紹介〉
浅見彰宏（あさみ・あきひろ）

1969年3月　千葉県生まれ。
1991年3月　上智大学文学部卒業。
1991年4月〜95年6月　鉄鋼メーカー勤務。
1995年7月〜96年6月　埼玉県小川町の霜里農場で有機農業研修。
1996年7月　福島県山都町（現・喜多方市）へ移住。
現　在　春〜秋は地域循環にこだわった有機農業（稲作、野菜、採卵鶏の小規模な有畜複合経営）に従事し、冬は酒蔵で蔵人として働く。福島県有機農業ネットワーク理事。
共　著　『放射能に克つ農の営み——ふくしまから希望の復興へ』（コモンズ、2011年）。
連絡先　higurasifarm@yahoo.co.jp
ブログ　http://white.ap.teacup.com/higurasi/

ぼくが百姓になった理由《わけ》

二〇一二年一一月一日　初版発行

著者　浅見彰宏

編集協力　日本有機農業学会

発行者　大江正章

発行所　コモンズ

東京都新宿区下落合一―五―一〇―一〇〇二
TEL〇三（五三八六）六九七二
FAX〇三（五三八六）六九四五
振替　〇〇一一〇―五―四〇〇一二〇
info@commonsonline.co.jp
http://www.commonsonline.co.jp/

印刷・東京創文社／製本・東京美術紙工
乱丁・落丁はお取り替えいたします。
ISBN 978-4-86187-098-9 C0036

＊好評の既刊書